基于《中国学龄儿童膳食指南（2022）》权威发布

小学生早餐

每周计划

北京协和医院营养师
李 宁 编著

化学工业出版社
·北京·

图书在版编目（CIP）数据

小学生早餐每周计划 / 李宁编著．-- 北京：化学工业出版社，2024.10.（2025.5重印）．-- ISBN 978-7-122-46281-7

Ⅰ．TS972.162

中国国家版本馆 CIP 数据核字第 2024Y7Y976 号

责任编辑：张　琼　高　霞　　　　封面设计：尹琳琳

责任校对：宋　玮　　　　内文设计：悦然文化

出版发行：化学工业出版社（北京市东城区青年湖南街 13 号　邮政编码 100011）

印　　装：河北京平诚乾印刷有限公司

710mm×1000mm　1/16　印张 12¼　字数 150 千字

2025 年 5 月北京第 1 版第 3 次印刷

购书咨询：010-64518888　　售后服务：010-64518899

网　　址：http://www.cip.com.cn

凡购买本书，如有缺损质量问题，本社销售中心负责调换。

定　　价：69.80元

前言

近些年中国居民营养与健康状况监测报告显示，6～18 岁的孩子早餐营养不足比例一直偏高。由于早餐营养摄入不足，孩子在课堂上早早出现坐立不安、注意力不集中的饥饿感表现，在下课期间爱买零食充饥，进而可能形成偏食，长此以往很容易造成孩子免疫力下降，疾病便会趁虚而入。

我在北京协和医院营养科担任主任医师 30 余年，多年在营养领域深耕，深刻认识到吃好早餐的重要性。早餐吃得营养均衡，不仅能为孩子提供所需的蛋白质、碳水化合物、维生素、矿物质等，还能让孩子的肠胃健康、微量元素充足、免疫力提升，身体好又聪明。

我从医期间，用科学营养吃法解除了许多孩子的病痛和家长的烦恼：吃饭不香、个头矮小的孩子，经过改变吃法打开了胃口，吃饭香了，个子也长高了；体质差、动不动就感冒发烧的孩子，通过改变吃法增强了体质，从此生病少了；白天上课精神状态萎靡、注意力不集中的孩子，通过改变吃法改善了精神状态和注意力，学习成绩也提高了……

早餐是一天中最重要的一顿饭，怎么让孩子高质量吃好、吃饱？将科学营养吃早餐的方法推广出去，是我的责任与使命。

为此，我特意总结出“小学生早餐每周计划”，充分结合了《中国学龄儿童膳食指南（2022）》，主要有三大特色：一、重视营养均衡，通过营养吃法打开孩子的胃口，让孩子吃饭香，消化好；二、做法丰富多样，不局限中式还是西式，许多孩子都无法抗拒，能愉快接受；三、结合秋季学期和春季学期气候特点，依次按照早秋至晚秋、秋末冬初、初冬至深冬、严冬、冬末春初、早春至晚春、春末夏初、初夏至夏末、酷暑，安排每周早餐，让孩子少生病、身体好，更能投入学习。

这本书详细地帮助读者规划了孩子的每周早餐，优选应季食材，结合家常快捷的做法，同时还给出相应的备选方案，给家长们更多选择，旨在帮助家长朋友们轻松做出孩子爱吃又营养丰富的早餐。

愿每一位小学生每天吃完早餐都能能量满格，开启元气满满的一天！

李宁

北京协和医院

目录

第一章 早餐这样做，孩子爱吃又营养全面

吃好早餐，非常重要 /2
什么样的早餐，算是一份营养充足的早餐 /2
读懂“学龄儿童膳食宝塔”，早餐吃好吃对、更健康 /3
多元化主食，补能量、管饱一上午 /4
适当控制精制谷物的摄入 /4
全谷、杂豆每天吃一次 /5
薯类可替代部分主食 /5
五色蔬果交替吃，不犯困、注意力更集中 /6
适量吃鱼、禽、蛋、瘦肉，免疫力强、身体健康 /7
如何做到适量食用 /7
肉类怎么吃更健康 /7
奶类、大豆可以换着花样吃，变换口味、增加食欲 /8
如何达到每天 300 毫升液态奶的量 /8
大豆及其制品，可以换着花样经常吃 /8

注：本书套餐是以 1 人份标注的量，若是全家人一起食用，可以按人数适当倍数增加。

第二章 秋、冬季学期早餐周计划（8月至次年1月）

夏末秋初早餐计划 / 10

周一 / 12
牛肉番茄三明治套餐
增强免疫力
全麦番茄牛肉鸡蛋三明治
时蔬坚果沙拉
牛奶 + 橙子 + 开心果

周二 / 14
肉松芝麻饭团套餐
提高活力
杂粮肉松芝麻饭团
香煎鸡排
番茄蛋花汤 + 哈密瓜

周三 / 16
三丝卷饼套餐
预防便秘
三丝卷饼
彩椒炒肉丝
大米绿豆粥 + 葡萄

周四 / 18
豇豆肉末炒面套餐
促进消化吸收
豇豆牛肉末炒面
蒸胡萝卜秋葵
果缤纷 + 牛奶

周五 / 20
猪肉胡萝卜鸡蛋煎饺套餐
保护视力
猪肉胡萝卜鸡蛋煎饺
松仁拌菠菜
红薯小米粥 + 苹果

周六 / 22
田园培根披萨套餐
帮助恢复身体活力
田园培根披萨
三文鱼蔬菜坚果沙拉
香橙 + 酸奶

周日 / 24
什锦烧卖套餐
健脑益智
什锦糯米烧卖
荷塘小炒
燕麦片牛奶粥 + 腰果 + 火龙果

早秋至晚秋早餐计划

/26

周一 / 28
香菇猪肉馄饨套餐
提振精神，不犯困
香菇猪肉馄饨
牛油果鸡蛋沙拉
腰果酸奶 + 橙子

周二 / 30
五谷丰登套餐
促进骨骼生长
五谷丰登
虾仁圣女果腰果沙拉
小米大米粥 + 哈密瓜

周三 / 32
什锦三文鱼炒饭套餐
促进大脑发育
什锦三文鱼炒饭
黄瓜鸡蛋汤
火龙果酸奶 + 开心果

周四 / 34
蔬菜鸭肉面套餐
强身健体
蔬菜鸭肉面
炒土豆胡萝卜丝
燕麦核桃豆浆 + 雪梨

周五 / 36
培根奶酪煎蛋饼套餐
长高益智
培根奶酪煎蛋饼
凉拌蔬菜
牛奶鲜玉米粥 + 橙子

周六 / 38
咖喱鸡肉饭套餐
促进食欲
胡萝卜土豆咖喱鸡肉饭
黄瓜拌莲藕
双皮奶 + 火龙果

周日 / 40
鸡肉胡萝卜福袋套餐
促消化、易吸收
鸡肉胡萝卜福袋
彩椒炒芦笋
酸奶 + 青葡萄

秋末冬初早餐计划 / 42

周一 / 44
胡萝卜圆生菜软饼套餐

增强胃肠蠕动

胡萝卜圆生菜软饼
酱牛肉拌豆芽
黑芝麻糊 + 香蕉

周二 / 46
鹌鹑蛋猪肉白菜粥套餐

唤醒味蕾

鹌鹑蛋猪肉白菜粥
日式照烧鸡腿
菠萝核桃酸奶

周三 / 48
猪肝油菜米粉套餐

补铁，防贫血

猪肝油菜米粉
菠菜炒鸡蛋
核桃牛奶 + 草莓

周四 / 50
猪肉胡萝卜包套餐

缓解用眼疲劳

猪肉胡萝卜包
蓝莓时蔬坚果沙拉
红枣豆浆 + 煮鸡蛋

周五 / 52
南瓜双色花卷套餐

健脾暖胃

南瓜双色花卷
核桃鸡蛋粥
水煮虾 + 苹果

周六 / 54
菌菇蛤蜊面套餐

提升免疫力

菌菇蛤蜊面
蒜薹鸡丝
牛奶 + 柚子 + 腰果

周日 / 56
牛肉口袋饼套餐

补充体力

牛肉生菜口袋饼
豆腐白菜汤
苹果 + 坚果 + 酸奶沙拉

初冬至深冬早餐计划 / 58

周一 / 60
南瓜红枣蒸糕套餐
促进生长发育
南瓜红枣蒸糕
生滚猪肝菠菜粥
煮鸡蛋 + 猕猴桃

周二 / 62
沙茶牛肉面套餐
增强体质
沙茶牛肉面
虾仁炒小白菜
蓝莓核桃酸奶

周三 / 64
三文鱼炒饭套餐
强健大脑
三文鱼彩椒炒饭
口蘑鹌鹑蛋炖肉
芝麻豆浆 + 草莓

周四 / 66
鸡肉馄饨套餐
预防近视
荠菜鸡肉馄饨
凉拌三丝
牛奶 + 蓝莓 + 腰果

周五 / 68
番茄疙瘩汤套餐
胃口大开
番茄芹菜鸡蛋疙瘩汤
醋拌黄瓜木耳酱牛肉
奶香玉米棒 + 腰果 + 苹果

周六 / 70
鳕鱼开放三明治套餐
促进大脑发育
鳕鱼洋葱圈开放三明治
樱桃萝卜苦苣坚果沙拉
酸奶 + 雪梨

周日 / 72
葱香猪肉龙套餐
提高学习效率
葱香猪肉龙
紫菜黄瓜鸡蛋汤
红心火龙果 + 开心果

健康小课堂 “小胖墩儿”身材逆袭的营养吃法 / 74

第三章

寒假
提高营养密度，实现寒假逆袭

寒假早餐计划 / 76

周一 / 78
猪肉虾仁鲜菇包套餐
促进钙吸收
香菇虾仁猪肉包
裙带菜蛋汤
酸奶 + 橙子

周二 / 80
桂圆莲子八宝粥套餐
增强大脑活力
桂圆莲子八宝粥
果仁胡萝卜炒菠菜
日式照烧鸡腿 + 猕猴桃

周三 / 82
咖喱牛肉盖浇饭套餐
加快新陈代谢
咖喱牛肉盖浇饭
冬瓜小白菜豆腐汤
砂糖橘 + 核桃

周四 / 84
西葫芦鸡蛋锅贴套餐
减轻疲劳
西葫芦鸡蛋锅贴
莴笋丝拌烤鸭丝
牛奶坚果燕麦粥 + 草莓

周五 / 86
生菜红薯煎蛋饼套餐
开胃、助消化
生菜红薯煎蛋饼
椒香牛肉丁炒西蓝花
红枣核桃豆浆 + 香蕉

周六 / 88
黄金热狗卷套餐
促进骨骼生长
黄金热狗卷
莲藕木耳花生仁大拌菜
牛奶 + 雪梨

周日 / 90
羊肉杂蔬面套餐
预防贫血
羊肉杂蔬面
荷兰豆炒鱿鱼圈
百香果汁 + 开心果

专题 寒假“蹿个儿”营养食谱 / 92
黄鱼小饼 · 香煎三文鱼 · 清蒸牡蛎 · 红烧羊排 · 子姜羊肉 · 山药胡萝卜羊肉汤
冬瓜玉米焖排骨 · 彩椒炒牛肉 · 咖喱土豆牛肉

第四章

春、夏季学期早餐周计划（3月至7月）

提高免疫黄金季，吃对早餐不生病

冬末春初早餐计划 / 96

周一 / 98
虾仁蛋炒饭套餐

助力长高

胡萝卜虾仁豌豆蛋炒饭
紫菜鱼丸汤
火龙果酸奶 + 腰果

周二 / 100
圆白菜胡萝卜丝饼套餐

保护视力

圆白菜胡萝卜丝饼
清蒸芋头排骨
燕麦核桃牛奶 + 香蕉

周三 / 102
猪肝菠菜面套餐

预防肥胖

番茄猪肝菠菜面
花生仁拌胡萝卜芹菜丁
酸奶 + 草莓

周四 / 104
羊肉胡萝卜汤包套餐

强健体质

羊肉胡萝卜汤包
清炒西蓝花木耳
红薯腰果大米粥 + 橘子

周五 / 106
金枪鱼三明治套餐

强体健脑

金枪鱼三明治
三彩鸡蛋羹
牛奶 + 开心果 + 菠萝

周六 / 108
番茄肉酱意大利面套餐

提高身体活力

番茄肉酱意大利面
牛肉罗宋汤
哈密瓜酸奶 + 松子

周日 / 110
韭菜鸡蛋饼套餐

提高记忆力

韭菜鸡蛋饼
番茄巴沙鱼
核桃 + 苹果

早春至晚春早餐计划
/112

周一 / 114

菠萝蛋炒饭套餐

提振精神

菠萝豌豆蛋炒饭

白菜豆腐牛肉羹

酸奶 + 开心果

周二 / 116

土豆洋葱饼套餐

缓解学习压力

土豆洋葱胡萝卜饼

木耳荷兰豆炒猪肝

红枣核桃牛奶 + 橙子

周三 / 118

西葫芦牛肉煎饺套餐

调节代谢

西葫芦牛肉煎饺

蟹味菇芦笋蛋汤

酸奶 + 芒果 + 腰果

周四 / 120

生菜鸡蛋汤面套餐

促进食欲

烤鸡翅彩椒

生菜鸡蛋汤面

巴旦木酸奶 + 香梨

周五 / 122

肉末蔬菜粥套餐

控制体重

肉末油菜粥

醋炒三丝

猕猴桃 + 杏仁

周六 / 124

南瓜红薯饼套餐

开胃、助消化

南瓜红薯饼

香菇莴笋蒸鸡丁

燕麦核桃粥 + 苹果

周日 / 126

扁豆五花肉焖面套餐

健脾养胃

扁豆五花肉焖面

菠菜豆腐汤

苹果酸奶 + 开心果

春末夏初早餐计划

/ 128

周一 / 130
虾仁鸡蛋馄饨套餐

增加食欲

虾仁鸡蛋馄饨
黄瓜胡萝卜沙拉
哈密瓜牛奶 + 腰果

周二 / 132
牛肉蔬菜馅饼套餐

提高免疫力

牛肉香菇洋葱馅饼
小白菜拌豆腐
大米苹果蛋花粥

周三 / 134
胡萝卜牛肉焖饭套餐

补钙，助力长高

胡萝卜牛肉焖饭
蒜蓉秋葵
玉米牛奶汁 + 草莓

周四 / 136
鸡蛋油菜面套餐

补充体力

鸡蛋油菜面
烤彩椒鸡肉块
蓝莓 + 酸奶 + 核桃

周五 / 138
鸡蛋全麦三明治套餐

健脑益智

鸡蛋生菜全麦三明治
虾仁蔬菜沙拉
核桃牛奶 + 火龙果

周六 / 140
胡萝卜香菇卤肉饭套餐

促进生长发育

胡萝卜香菇卤肉饭
菠菜拌腰果
酸奶 + 橙子

周日 / 142
三鲜水饺套餐

缓解视疲劳

三鲜水饺
黄瓜木耳炒腰果
燕麦片小米粥 + 西瓜

初夏至夏末早餐计划 / 144

周一 / 146
火腿蔬菜饼套餐
帮助消化吸收
火腿蔬菜饼
虾仁炒芦笋
核桃大米粥 + 葡萄

周二 / 148
西葫芦鸡蛋饺子套餐
提神醒脑
西葫芦鸡蛋饺子
奶香玉米粥
香煎三文鱼 + 火龙果 + 西瓜

周三 / 150
牛肉烧饼套餐
充沛体力
牛肉烧饼
巴旦木拌杂蔬
黄瓜蛋花汤 + 哈密瓜

周四 / 152
时蔬鸡排饭套餐
强身健体
时蔬鸡排饭
蒜蓉西蓝花
杏仁 + 蓝莓酸奶

周五 / 154
白菜豆腐羊肉羹套餐
保护视力
杂粮馒头
白菜豆腐羊肉羹
橘子 + 牛奶

周六 / 156
菠菜猪肝荞麦面套餐
明目健脾胃
菠菜猪肝荞麦面
丝瓜炒鸡蛋
芒果酸奶 + 松子、腰果

周日 / 158
草莓培根披萨套餐
促进食欲
草莓培根披萨
油麦菜鸡蛋汤
桃子酸奶 + 腰果

健康小课堂 应对流感的营养餐 / 160

第五章 暑假

早餐不凑合、不发愁，美味开胃又营养

暑假早餐计划 / 162

周一 / 164
肉松吐司卷套餐
助力长高
肉松吐司卷
海带小白菜牛肉汤
核桃仁 + 猕猴桃

周二 / 166
腊肠香菇焖饭套餐
开胃醒脑
腊肠香菇焖饭
时蔬鸡肉沙拉
蓝莓山药 + 腰果

周三 / 168
小米蒸红薯套餐
促进身体发育
小米蒸红薯
黄瓜腰果炒牛肉
胡萝卜枸杞子汁 + 水蜜桃

周四 / 170
金枪鱼寿司套餐
强健骨骼
金枪鱼寿司
三丝豆腐汤
酸奶 + 草莓

周五 / 172
鸡肉丸意大利汤面套餐
护眼健脑
鸡肉丸意大利汤面
核桃仁拌菠菜
水果甜豆花

周六 / 174
葱香培根花卷套餐
长高益智
葱香培根花卷
虾仁鱼丸豆腐汤
白糖拌番茄 + 芒果

周日 / 176
芝士火腿鸡蛋饼套餐
清心消暑
芝士火腿鸡蛋饼
胡萝卜香菇炒芦笋
桂圆莲子八宝汤

专题 暑假益智营养食谱 / 178
核桃仁拌菠菜 · 松仁玉米 · 芝麻肝 · 豆腐烧牛肉末 · 干贝厚蛋烧 · 香菇豆腐鸡蛋羹
清蒸鲈鱼 · 奶油鳕鱼 · 三文鱼西蓝花炒饭 · 黄焖鸡 · 香菇胡萝卜炒鸡蛋 · 番茄鲈鱼
青椒木耳炒鸡蛋 · 银鱼炒蛋 · 核桃仁蒜薹炒肉丝

第一章

早餐这样做，孩子爱吃又营养全面

吃好早餐，非常重要

早餐是一天中非常重要的一餐，对于还有一上午学习任务的小学生来说，吃好早餐就显得更加重要了。

一顿优质的早餐，首先可以为孩子的学习和活动提供必需的能量，使他们在课堂上更加专注，有利于更好地学习和记忆知识。其次，还能够帮助孩子控制体重，避免因过度饥饿而在午餐或晚餐时摄入过多的食物。再次，吃好早餐可以帮助孩子从小养成良好的饮食习惯，保持良好的消化功能。最重要的是，好好吃早餐，是保证孩子营养均衡、促进身体生长发育的重要一环，也有助于增强孩子的免疫力，让孩子身体壮、少生病，为孩子的美好未来打下坚实基础。

什么样的早餐，算是一份营养充足的早餐

早餐的食物量要充足，提供的能量和营养素应占全天25%~30%；午餐占30%~40%，晚餐占30%~35%。

早餐的食物品种要尽可能多样，尽量色彩丰富，也可适当变换口味，有助于提高儿童食欲。早餐应包括以下四类食物中的三类以上：

谷薯类	水果、蔬菜类	动物性食物	奶类、大豆、坚果
如馒头、花卷、全麦面包、米饭、米线、红薯等。	如菠菜、西红柿、黄瓜、苹果、梨、香蕉等。	如鱼肉、蛋、猪肉、牛肉、鸡肉等。	奶及其制品、豆类及其制品，如牛奶、酸奶、豆浆、豆腐脑等。

读懂“学龄儿童膳食宝塔”，早餐吃好吃对、更健康

《中国学龄儿童膳食指南（2022）》按照不同年龄段学龄儿童的能量需求，给出了每人每天各类食物摄入量的建议范围值。

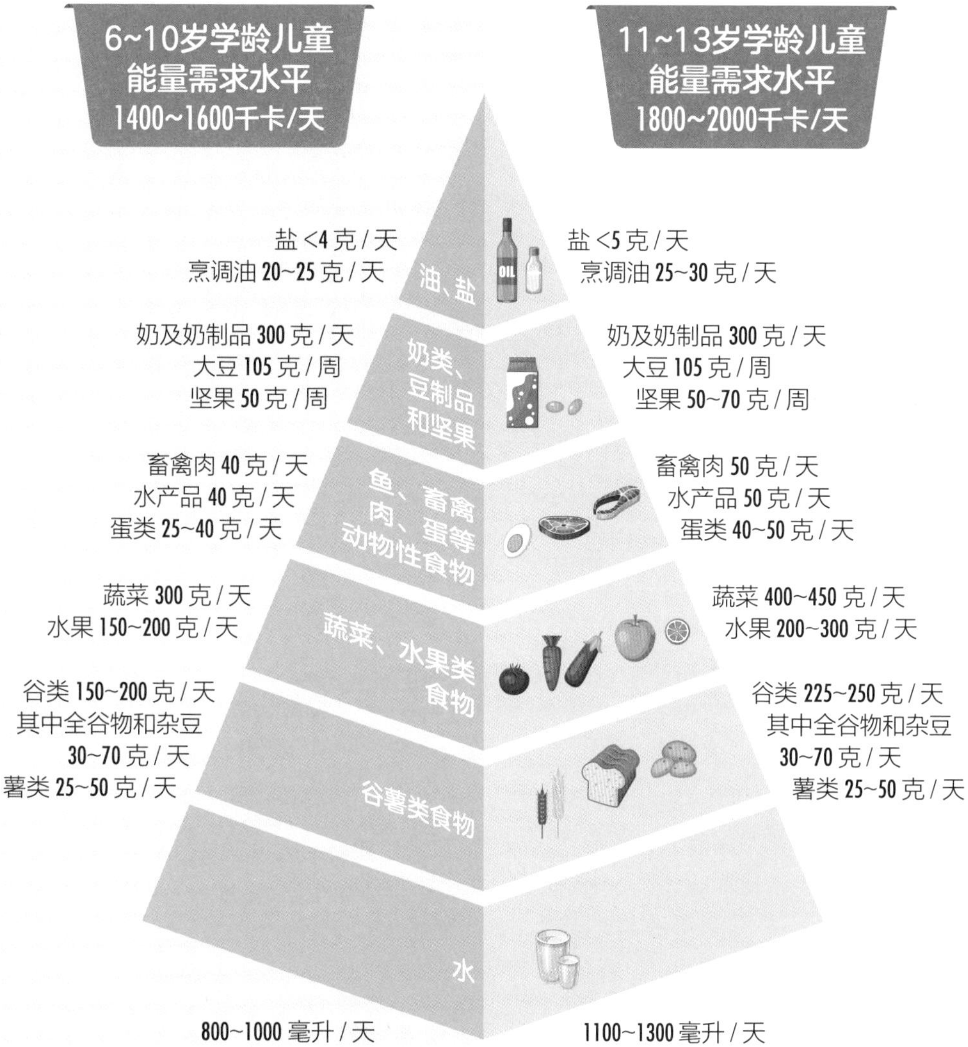

多元化主食，补能量、管饱一上午

主食包括谷类、杂豆类和薯类，含有丰富的碳水化合物，是最经济的膳食能量来源，也是B族维生素、矿物质、蛋白质和膳食纤维的重要来源。所以，小学生早餐中一定要有一定比例的主食，并且要注意粗细搭配。

适当控制精制谷物的摄入

精制谷物，即全谷物去除了谷皮、部分糊粉层和谷胚，加工过程中会损失大量的B族维生素、矿物质、膳食纤维和其他一些有益健康的营养物质。

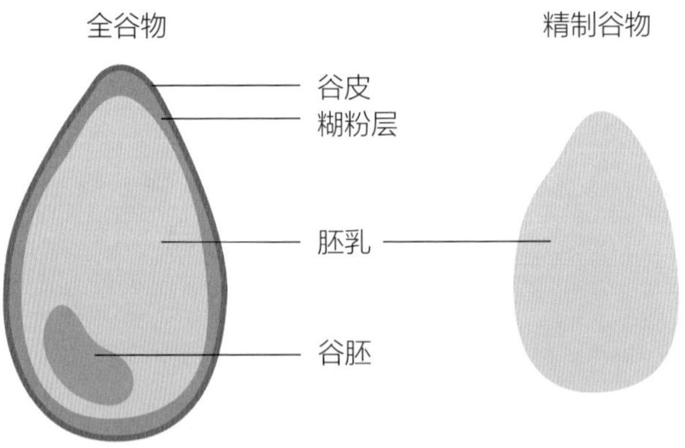

谷皮：主要由膳食纤维、B族维生素、矿物质和植物化学物组成。

糊粉层（外胚层）：紧贴谷皮，为胚乳的外层，含较多的蛋白质、脂肪，以及丰富的B族维生素及矿物质。

胚乳：谷类的中心部分，主要成分是淀粉和少量蛋白质。

谷胚：种子发芽的地方，含脂肪、多不饱和脂肪酸、维生素E、B族维生素和矿物质等。

全谷、杂豆每天吃一次

根据《中国学龄儿童膳食指南（2022）》建议，小学生每天应吃150~250克谷类，其中包含全谷物和杂豆30~70克。

实际生活中，白米中可以放入一把全谷或红小豆、绿豆来烹制米饭，杂豆还可以做成各种豆馅，也是烹饪主食时的好搭档。

全谷类食物

主要指小麦、玉米、燕麦、大米、高粱等谷物的全部可食部分，富含B族维生素、矿物质、蛋白质和膳食纤维等。

杂豆类食物

主要有红小豆、芸豆、绿豆、豌豆、蚕豆等。杂豆中脂肪含量较低（约1%），B族维生素含量比谷类高，也富含钙、铁、钾、镁等营养素。

薯类可替代部分主食

薯类包括马铃薯、甘薯（红薯、山芋）、芋头、山药和木薯等。薯类中碳水化合物含量约为25%，蛋白质、脂肪含量较低，薯类中维生素C含量高于谷类。马铃薯中钾含量较高；甘薯中β-胡萝卜素含量比谷类高，同时含有丰富的膳食纤维。因此，可将薯类直接作为主食或替代部分主食食用。

营养贴士

- 过度加工后的精米、白面损失了大量B族维生素、矿物质、膳食纤维和植物化学物。
- 烹饪谷类食物不宜加碱，以免破坏B族维生素。
- 少吃油条、油饼、炸薯条、炸馒头等油炸谷薯类食物。
- 淘米时不宜用力搓揉，淘洗次数不宜过多，避免营养流失。

五色蔬果交替吃，不犯困、注意力更集中

早餐吃蔬菜不仅能补充各种维生素、矿物质和膳食纤维，还能延缓餐后血糖的上升速度，防止血糖波动太大，避免餐后犯困和堆积脂肪，能让孩子的饱腹感更持久，用蔬菜搭配豆制品或者其他蛋白质丰富的食物，效果更棒。挑选蔬菜水果时可参考如下注意事项。

重“鲜”

新鲜应季的蔬菜水果，颜色鲜亮，如同鲜活有生命的植物一样，其水分含量高、营养丰富、味道清新；食用这样的新鲜蔬菜水果对人体健康益处多。

选“色”

根据颜色深浅，蔬菜可分为深色蔬菜和浅色蔬菜。深色蔬菜指深绿色、红色、橘红色和紫红色蔬菜，具有较高的营养价值，如其中富含的β-胡萝卜素，是维生素A的主要来源。建议每天深色蔬菜的摄入量占到蔬菜总摄入量的1/2以上。

深绿色蔬果	菠菜、油菜、芹菜、空心菜、莴笋叶、韭菜、西蓝花、茼蒿、萝卜缨、芥菜、西洋菜、猕猴桃等
橙黄色蔬果	西红柿、胡萝卜、南瓜、柑橘、柚子、柿子、芒果、哈密瓜、彩椒等
红紫黑色蔬果	红或紫苋菜、紫甘蓝、红菜薹、干红枣、红辣椒、樱桃、西瓜、桑葚等

多“品”类

挑选和购买蔬果时要注意多变换品类，每天至少达到3～5种。夏天和秋天是水果最丰盛的季节，不同的水果甜度和营养素含量有所不同，每天至少1～2种，首选应季水果。

适量吃鱼、禽、蛋、瘦肉，免疫力强、身体健康

小学生体力及脑力活动消耗大，学习任务繁重，适量吃鱼、禽、蛋、瘦肉可为其提供所需优质蛋白质、维生素A、B族维生素等，有助于孩子长身体，增强免疫力，有效提高身体抗病能力。但动物性食物含有较高的脂肪，吃得太多有可能导致摄入的脂肪比例过高，会增加某些疾病的患病风险，因此还是要适量摄入。

如何做到适量食用

控制总量，分散食用

学龄儿童每天摄入禽畜肉40~50克、水产品40~50克、蛋类25~50克。最好将这些食物分散在一日三餐中，避免集中食用，做到每餐有肉、每天有蛋。

做小分量，量化有数

还可以根据家庭就餐人数计算每餐肉类食用量，将大块肉分成小块肉，以便控制每人总体的摄入量。

肉类怎么吃更健康

1. 建议采用蒸、煮、炒、熘、炖、烧、爆、煨等方式，在滑炒或爆炒前可挂糊上浆，既改善口感，又可减少营养素丢失。

2. 尽量多吃水产品和禽肉。因水产品含有较多不饱和脂肪酸，对预防肥胖有一定的作用，可作为肉类首选；禽肉脂肪含量较畜肉低，脂肪酸组成也优于畜肉，也可优于畜肉选择。

3. 少吃加工类肉制品，一方面能够避免摄入较多的食盐，同时也可避免由于油脂过度氧化等带来的食品安全问题。

4. 动物内脏如肝、肾和肠等，含有丰富的维生素和矿物质，适量摄入可满足人体的营养需要。但是多数动物内脏胆固醇含量偏高，摄入过多也会影响健康，建议每月可食用动物内脏2~3次，且每次不要过多。

奶类、大豆可以换着花样吃，变换口味、增加食欲

奶类、大豆是蛋白质和钙的良好来源，营养素密度高，适量食用能满足小学生生长发育的营养需求。

如何达到每天 300 毫升液态奶的量

根据《中国学龄儿童膳食指南（2022）》推荐，小学生每天应摄入至少相当于鲜奶300毫升的奶类及奶制品。想达到这个标准并不难，可以选择多种奶制品，如酸奶、奶酪、奶粉等，有不同风味，又有不同蛋白质浓度，搭配食用，丰富饮食多样性。

每天相当于 300 毫升液态奶的乳制品（以钙含量为基准）

大豆及其制品，可以换着花样经常吃

大豆每周推荐摄入105克，可用豆腐、豆腐干、豆腐丝等制品轮换食用，既变换了口味，又能满足营养需求。不同形式的豆制品与大豆的大概对应关系如下图所示。

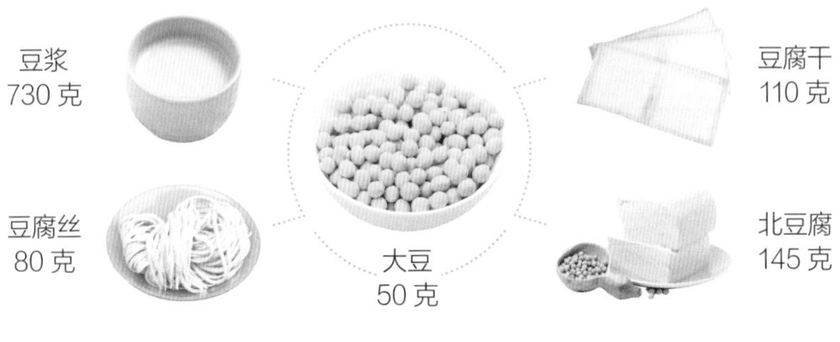

第二章

秋、冬季学期早餐周计划

（8 月至次年 1 月）

夏末秋初早餐计划

本周所需食材

\ **食材准备** /

腰果、松子仁、开心果、熟黑芝麻、核桃仁等

\ **食材准备** /

鸡蛋、牛奶、酸奶、牛肉、牛肉馅、鸡胸肉、猪肉丁、猪肉馅、三文鱼、肉松、培根、马苏里拉芝士碎、半成品牛肉饼等

坚果

肉、蛋、奶、大豆类

水果

蔬菜

谷类、杂豆类

\ **食材准备** /

橙子、哈密瓜、西瓜、火龙果、青葡萄、苹果等

\ **食材准备** /

大米、糙米、黑米、玉米粒、面粉、小米、糯米、燕麦片、绿豆、全麦切片面包、饺子皮、面条等

\ **食材准备** /

番茄、生菜、圣女果、苦苣、黄瓜、土豆、胡萝卜、柿子椒、豇豆、秋葵、菠菜、紫甘蓝、红薯、木耳、莲藕、荷兰豆、海苔、红彩椒、黄彩椒、山药、洋葱、鲜香菇等

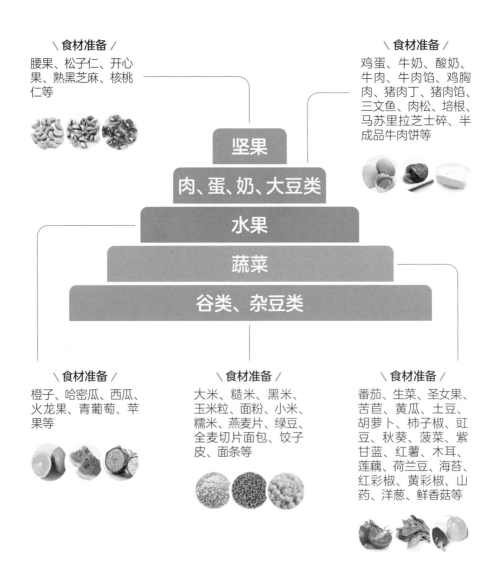

夏末秋初早餐食谱

精心安排周计划

周一	**牛肉番茄三明治套餐**	全麦番茄牛肉鸡蛋三明治 + 时蔬坚果沙拉 + 牛奶 + 橙子 + 开心果
	更多搭配	煎牛肉汉堡 + 凉拌莴笋丝 + 红枣绿豆豆浆 + 哈密瓜 麻酱花卷 + 糖醋排骨 + 草莓核桃仁沙拉 + 燕麦糯米粥
周二	**肉松芝麻饭团套餐**	杂粮肉松芝麻饭团 + 香煎鸡排 + 番茄蛋花汤 + 哈密瓜
	更多搭配	荠菜虾仁馄饨 + 西芹百合 + 核桃酸奶 + 樱桃 荷包蛋阳春面 + 清爽三丝 + 猕猴桃 + 开心果
周三	**三丝卷饼套餐**	三丝卷饼 + 彩椒炒肉丝 + 大米绿豆粥 + 葡萄
	更多搭配	鸡丁圆白菜饭 + 腰果豆浆 + 青葡萄 四色蒸饺 + 胡萝卜炒肉丝 + 花生核桃牛奶 + 李子
周四	**豇豆肉末炒面套餐**	豇豆牛肉末炒面 + 蒸胡萝卜秋葵 + 果缤纷 + 牛奶
	更多搭配	牛油果煎蛋吐司 + 牛奶 + 水果酸奶沙拉 秋葵厚蛋烧 + 豆浆 + 猕猴桃橙子 + 坚果
周五	**猪肉胡萝卜鸡蛋煎饺套餐**	猪肉胡萝卜鸡蛋煎饺 + 松仁拌菠菜 + 红薯小米粥 + 苹果
	更多搭配	葱油黑芝麻花卷 + 杏鲍菇炒玉米 + 冬瓜肉丸汤 + 草莓 翡翠干贝蒸饺 + 柠檬鸡脚 + 牛奶 + 苹果 + 南瓜子
周六	**田园培根披萨套餐**	田园培根披萨 + 三文鱼蔬菜坚果沙拉 + 香橙 + 酸奶
	更多搭配	豌豆番茄肉酱拌面 + 凉拌鸡蛋木耳黄瓜 + 菠萝酸奶 + 核桃 荷叶百合茯苓粥 + 西蓝花莲子炒虾仁 + 香蕉酸奶
周日	**什锦烧卖套餐**	什锦糯米烧卖 + 荷塘小炒 + 燕麦片牛奶粥 + 腰果 + 火龙果
	更多搭配	青瓜寿司卷 + 松仁玉米 + 红枣莲子豆浆 + 石榴 韩国冷荞面 + 番茄炒扇贝 + 牛奶 + 山楂核桃

周一　10 分钟

增强免疫力

牛肉番茄三明治套餐

准备食材

谷类、杂豆类	肉、蛋、奶、大豆类	蔬菜	水果	坚果	调料
全麦切片面包2片	鸡蛋1个，半成品牛肉饼1个，牛奶200克	番茄10克，生菜叶20克，苦苣20克，圣女果10克，黄瓜20克	橙子60克	开心果10克，核桃仁5克	黄油、芝麻沙拉酱各适量

制作

全麦番茄牛肉鸡蛋三明治

1. 番茄洗净，切片；生菜叶洗净。
2. 锅热放入黄油，熔化后放入牛肉饼煎熟；鸡蛋直接煎或放入如图的面包框中煎熟。
3. 在面包片上，依次铺上10克生菜叶、鸡蛋饼、番茄片、牛肉饼，添加少许芝麻沙拉酱调味，再铺上一片面包片即可。

❶

❷

❸

时蔬坚果沙拉

1. 10克生菜、苦苣洗净沥干水分，切段；黄瓜切片；圣女果洗净，切两半。
2. 生菜段、苦苣段、黄瓜片、圣女果一起放入盆中，加入核桃仁和芝麻沙拉酱，搅拌均匀装盘即可。

❶

❷

营养师点评

牛肉可以提供优质蛋白质、锌和维生素B_6，搭配富含番茄红素和纤维素的番茄营养丰富，多吃一些这样的红色食物能提高孩子预防和抵抗感冒的能力。

牛奶+橙子+开心果

1. 橙子洗净去皮，切成块，摆放在旁边。
2. 牛奶倒入杯中，放微波炉加热1分钟即可，开心果摆在旁边。

周二 20分钟

提高活力

肉松芝麻饭团套餐

准备食材

谷类、杂豆类	肉、蛋、奶、大豆类	蔬菜	水果	坚果	调料
大米 30 克，糙米 20 克，黑米 20 克	肉松 10 克，鸡胸肉 65 克，鸡蛋 2 个	番茄 50 克，海苔碎 15 克，海苔片 15 克，	哈密瓜 60 克	熟黑芝麻 15 克	盐、黑胡椒粉、酱油各适量

制作

杂粮肉松芝麻饭团

1. 将大米、糙米、黑米淘洗干净，放入电饭锅中，加水做成米饭。
2. 取一点米饭放在碗里，加入熟黑芝麻、海苔碎混合在一起，用手揉成圆球状，放入三角形模具，压成三角形，用海苔片包住一边，撒上肉松即可。

香煎鸡排

1. 将鸡胸肉洗净，把酱油、黑胡椒粉均匀地涂抹在鸡胸肉上，腌制 5 分钟左右。
2. 锅加少许油烧热，腌好的鸡胸肉放入锅中煎至两面金黄，切成段即可。

番茄蛋花汤 + 哈密瓜

1. 哈密瓜洗净，切块，摆放在盘中；番茄洗净，去皮，切成小块；鸡蛋打散。
2. 锅内倒油烧热，倒入番茄翻炒，至番茄软烂出浓汁。
3. 倒入热水，煮沸后，淋入鸡蛋液搅成蛋花，加盐调味即可。

营养师点评

杂粮饭团富含碳水化合物，可以为孩子补充能量，粗细粮和海苔、肉松的搭配丰富了口感；鸡肉含有优质蛋白质，可以帮助孩子增强免疫力，缓解疲劳。

周三 25分钟

预防便秘

三丝卷饼套餐

准备食材

谷类、杂豆类	肉、蛋、奶、大豆类	蔬菜	水果	坚果	调料
面粉 20 克，大米 30 克，绿豆 20 克	鸡蛋 1 个，牛肉 65 克	土豆 20 克，胡萝卜 20 克，黄瓜 20 克，红彩椒 20 克，黄彩椒 20 克	青葡萄 50 克	熟黑芝麻 15 克	盐、生抽各适量，葱花、姜丝各少许

制作

三丝卷饼

1. 面粉加水和成面团；黄瓜切丝；土豆、胡萝卜洗净去皮切丝；鸡蛋打散。
2. 面团分出面剂，擀薄后备用；锅置火上加油烧热，鸡蛋液煎成蛋皮，切丝；锅中放入葱花、黄瓜丝、土豆丝、胡萝卜丝翻炒至熟，加入生抽、盐调味；小火煎熟面饼。
3. 把饼平铺，把炒好的菜和鸡蛋丝放在饼上，撒上熟黑芝麻卷起即可。

彩椒炒肉丝

1. 牛肉洗净，切成肉丝；红、黄彩椒洗净，切条。
2. 锅热放油，放葱花、姜丝、牛肉丝翻炒至肉变色，加红、黄彩椒条翻炒至熟，加盐和生抽调味即可。

大米绿豆粥 + 葡萄

1. 绿豆洗净，浸泡 4 小时（前一天晚上）；大米淘洗干净；青葡萄洗净摆放在盘中。
2. 锅置火上加适量水，大火煮沸，大米、绿豆放入锅中，煮至绿豆、大米开花即可。

营养师点评

胡萝卜和鸡蛋一起搭配，使胡萝卜中的胡萝卜素更易吸收；鸡蛋中的优质蛋白含有人体所需的多种脂肪酸，可满足生长发育期孩子对多种营养素的需要；再搭配黄瓜，清脆爽口。绿豆可以和大米、燕麦等粮食混合做成饭或者煮成粥，还可以与紫薯等其他食物一起熬煮成豆浆，均能为孩子提供丰富的不饱和脂肪酸和膳食纤维，更扛饿更健康。

周四 20分钟

豇豆肉末炒面套餐

促进消化吸收

准备食材

谷类、杂豆类	肉、蛋、奶、大豆类	蔬菜	水果	坚果	调料
面条60克	牛肉馅65克，鸡蛋1个，牛奶200克	豇豆40克，秋葵30克，胡萝卜10克	哈密瓜、西瓜、火龙果各20克	腰果15克	盐、生抽、蚝油、蒸鱼豉油各适量，葱花、蒜末各少许

制作

豇豆牛肉末炒面

1. 豇豆洗净，切小段；鸡蛋打散。
2. 面条煮熟后捞出，过凉，沥水，备用；锅置火上加油烧热，鸡蛋煎熟盛出；放入牛肉馅、蒜末煸炒至变色，放入豇豆段、生抽、蚝油继续翻炒；加水焖5分钟左右后放入面条、熟鸡蛋块一起翻炒均匀，最后放盐调味即可。

蒸胡萝卜秋葵

1. 秋葵洗净，从中间切开；胡萝卜洗净后去皮切细条。秋葵和胡萝卜码在盘中，放入锅中蒸熟后，淋上蒸鱼豉油。
2. 锅置火上，放油烧至七分热，浇在秋葵和胡萝卜上。

营养师点评

豇豆所含维生素能帮助维持正常的消化腺分泌和胃肠道蠕动，可帮助消化，增进食欲。秋葵在烹饪的过程中先焯水再切，这样能够较多地保留所含的维生素、矿物质等，减少营养流失。

果缤纷＋牛奶

1. 哈密瓜、西瓜、火龙果洗净，去皮切小块摆放在盘中，腰果均匀洒在上面。
2. 牛奶倒入杯中，放微波炉中加热1分钟即可。

周五

20 分钟

保护视力

猪肉胡萝卜鸡蛋煎饺套餐

准备食材

谷类、杂豆类	肉、蛋、奶、大豆类	蔬菜	水果	坚果	调料
小米 30 克，饺子皮 20 克	鸡蛋 1 个，猪肉馅 60 克	红薯 30 克，菠菜 30 克，胡萝卜 50 克	苹果 50 克	松子仁 15 克	盐、水淀粉、香油、生抽各适量，蒜片少许

制作

猪肉胡萝卜鸡蛋煎饺

1. 胡萝卜洗净，去皮，切碎；鸡蛋打散。
2. 锅置火上加油烧热，鸡蛋炒熟，捣碎，盛出；放入猪肉馅煸熟，加入胡萝卜碎、鸡蛋碎、盐搅拌均匀做成馅料；馅料包入饺子皮，做成饺子生坯。
3. 平底锅锅底放油，放入饺子煎制成型后放入一点水淀粉，盖上锅盖，待饺子成熟即可。

注：步骤 1、2 可在前一天晚上提前做好后，放入冰箱冷藏，第二天早上取出煎熟即可。

松仁拌菠菜

1. 菠菜洗净，切成段，焯熟，捞出。
2. 锅置火上加油烧热，先小火炒蒜片及松子仁，待松子仁呈浅褐色盛出。
3. 菠菜段与松子仁一起放入盆中，加入盐、香油、生抽搅拌均匀装盘即可。

红薯小米粥 + 苹果

1. 小米淘洗干净；红薯洗净去皮切成小丁；苹果洗净，切小块摆入盘中。
2. 锅置火上，加水煮沸后放小米和红薯丁，煮熟即可。

营养师点评

胡萝卜被称为“蔬菜中的小人参”，含有丰富的胡萝卜素，胡萝卜素是脂溶性维生素，与含脂肪的食物搭配食用更易于身体吸收，如与畜肉、虾一起搭配。菠菜热量低，且有丰富的膳食纤维，可减少脂类物质的吸收，还可以跟鸡蛋、海带等食物一起搭配食用。

周六 25分钟

田园培根披萨套餐

帮助恢复身体活力

准备食材

谷类、杂豆类	肉、蛋、奶、大豆类	蔬菜	水果	坚果	调料
面粉 50 克，玉米粒 15 克	培根 20 克，鸡蛋 1 个，猪肉丁 10 克，三文鱼 65 克，马苏里拉芝士碎 100 克，酸奶 100 克	番茄 10 克，洋葱 10 克，柿子椒 15 克，紫甘蓝 15 克，黄瓜 20 克，生菜 15 克，鲜香菇 10 克	橙子 50 克	腰果 15 克	盐、糖、黑胡椒粉、酵母水、番茄酱、淀粉汁、芝麻沙拉酱各适量，蒜末少许

制作

田园培根披萨

1. 将番茄洗净，去皮，切丁；柿子椒洗净，切条；洋葱洗净，一半切碎，一半切条，鲜香菇洗净，切片。
2. 面粉、糖、盐一起倒入容器中，打入鸡蛋，酵母水倒入面粉中，揉成面团，放置温暖处发酵至 1~2 倍；锅中烧油，放入洋葱碎、蒜末、番茄丁，翻炒后加入清水和番茄酱，做成酱汁；加入黑胡椒粉，搅拌均匀后晾凉。
3. 面团擀成圆饼，倒入酱汁，撒上洋葱条、鲜香菇片、柿子椒条、培根片、猪肉丁，再撒上玉米粒、芝士碎。
4. 第二天早上，烤箱先 180 度预热，将披萨饼放入中层，烘烤 20 分钟左右即可。

注：步骤 1、2、3 可前一天晚上做好，放入冰箱冷藏保存。

> **营养师点评**
>
> 奶酪中钙含量很高，且含有的钙很容易被身体吸收。多吃奶酪能增强孩子免疫力，提高身体活力，有益孩子视力健康。三文鱼富含 DHA 和优质蛋白质，能够强健孩子大脑，并且肉质软嫩无刺，和蔬菜搭配一起做成沙拉孩子也比较喜欢。

三文鱼蔬菜坚果沙拉

1. 紫甘蓝、黄瓜、生菜、三文鱼洗净；黄瓜、紫甘蓝、生菜切片。
2. 锅置火上，加油烧热，加入三文鱼煎熟，切块；将黄瓜片、紫甘蓝片、生菜片、三文鱼块、腰果一起放入盆中，加入芝麻沙拉酱一起搅拌均匀即可。

香橙 + 酸奶

1. 橙子洗净，切小块。
2. 酸奶倒入杯中，摆放在橙子旁边即可。

周日 20 分钟

健脑益智

什锦烧卖套餐

准备食材

谷类、杂豆类	肉、蛋、奶、大豆类	蔬菜	水果	坚果	调料
糯米 15 克，饺子皮 20 克，玉米粒 15 克，燕麦片 10 克	牛肉馅 65 克，牛奶 200 毫升	胡萝卜 25 克，水发木耳 10 克，荷兰豆 10 克，莲藕 15 克，山药 10 克	火龙果 60 克	腰果 15 克	盐、胡椒粉、生抽、蚝油各适量，葱姜蒜末各少许

制作

什锦糯米烧卖

1. 糯米洗净，浸泡一晚（前一晚准备）；10 克的胡萝卜洗净，去皮，切丁；牛肉馅加葱姜末搅拌均匀。
2. 糯米蒸熟，盛出晾凉；胡萝卜丁、玉米粒沸水煮熟后捞出；锅置火上加油烧热，加入牛肉馅煸炒变色，加入煮熟的菜、盐、胡椒粉、生抽、蚝油，倒入糯米饭搅拌均匀。
3. 用饺子皮把馅料包成烧卖生坯，放入蒸锅大火蒸 10 分钟即可。

注：步骤 1、2、3 可前一天晚上做好，放入冰箱冷藏保存。

> **营养师点评**
>
> 早上空腹喝牛奶时，牛奶中的营养物质很容易转化为热量消耗掉，搭配粥和烧卖等食物一起食用可以更好地发挥牛奶的营养价值。烧麦中的胡萝卜、玉米粒含膳食纤维、钙、胡萝卜素等，营养丰富，且易被孩子消化吸收。

荷塘小炒

1. 水发木耳洗净，撕小朵；余下的胡萝卜，山药，莲藕去皮洗净，切片；荷兰豆洗净。
2. 依次将木耳、胡萝卜片、山药片、荷兰豆、莲藕片焯水，捞出。
3. 锅内倒油烧热，放入蒜末和焯过水的上述食材，翻炒 3 分钟至熟，加盐调味即可。

燕麦片牛奶粥 + 腰果 + 火龙果

1. 锅中加水，煮沸后放入牛奶和燕麦片煮熟。
2. 煮熟后，用勺子搅拌均匀，微煮 1 分钟即可。
3. 火龙果洗净去皮，用勺子舀成一个球形，摆放在盘中，腰果放旁边。

早秋至晚秋早餐计划

本周所需食材

\ 食材准备 /

腰果、开心果、花生、核桃仁、花生碎等

\ 食材准备 /

鸡蛋、鸡肉、鸡腿肉、猪肉馅、虾仁、三文鱼、黄豆、培根、马苏里拉芝士碎、熟鸭肉、酸奶、牛奶等

坚果

肉、蛋、奶、大豆类

水果

蔬菜

谷类、杂豆类

\ 食材准备 /

橙子、哈密瓜、火龙果、牛油果、青葡萄、雪梨等

\ 食材准备 /

大米、小米、燕麦、玉米淀粉、面粉、玉米、面条、玉米粒、馄饨皮等

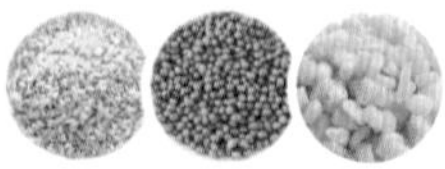

\ 食材准备 /

圣女果、生菜、黄瓜、土豆、胡萝卜、小油菜、紫薯、豌豆、莲藕、香菇、芦笋、西葫芦、洋葱、彩椒、西蓝花等

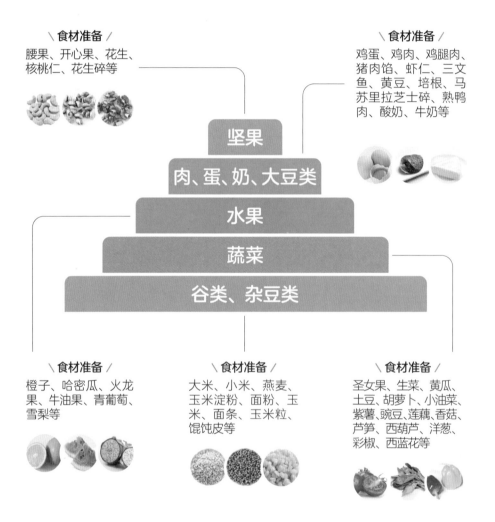

早秋至晚秋早餐食谱

精心安排周计划

周一	**香菇猪肉馄饨套餐**	香菇猪肉馄饨 + 牛油果鸡蛋沙拉 + 腰果酸奶 + 橙子
	更多搭配	鲜蔬干拌面 + 风干肉炒香笋 + 牛奶 + 葡萄 + 巴旦木 三色蛋炒饭 + 五彩花菇荷兰豆 + 枸杞菊花豆浆 + 香蕉
周二	**五谷丰登套餐**	五谷丰登 + 虾仁圣女果腰果沙拉 + 小米大米粥 + 哈密瓜
	更多搭配	黑芝麻粟面小松饼 + 胡萝卜炒肉丝 + 茼蒿火腿菜粥 + 苹果 牛肉炒面 + 杏鲍菇炒玉米 + 红枣银耳汤 + 腰果
周三	**什锦三文鱼炒饭套餐**	什锦三文鱼炒饭 + 黄瓜鸡蛋汤 + 火龙果酸奶 + 开心果
	更多搭配	黄金玉米糊饼 + 五彩时蔬 + 紫菜蛋花汤 + 苹果 + 巴旦木 金汤菠菜鸡米线 + 生煎包 + 腰果水果沙拉
周四	**蔬菜鸭肉面套餐**	蔬菜鸭肉面 + 炒土豆胡萝卜丝 + 燕麦核桃豆浆 + 雪梨
	更多搭配	橄榄奶酪焗饭 + 水果蔬菜腰果沙拉 + 牛奶 山药煎饼 + 麻酱鸡丝油麦菜 + 红豆核桃米糊 + 芒果
周五	**培根奶酪煎蛋饼套餐**	培根奶酪煎蛋饼 + 凉拌蔬菜 + 牛奶鲜玉米粥 + 橙子
	更多搭配	芹菜猪肉水饺 + 蒜蓉西蓝花 + 黑豆核桃豆浆 + 石榴 蔬菜蛋饼三明治 + 黑椒虾 + 苹果酸奶 + 腰果
周六	**咖喱鸡肉饭套餐**	胡萝卜土豆咖喱鸡肉饭 + 黄瓜拌莲藕 + 双皮奶 + 火龙果
	更多搭配	青稞豌豆米饭 + 油菜炒鸡蛋 + 红烧排骨 + 柚子 炸酱面 + 清炒木耳油菜 + 核桃牛奶 + 香蕉
周日	**鸡肉胡萝卜福袋套餐**	鸡肉胡萝卜福袋 + 彩椒炒芦笋 + 酸奶 + 青葡萄
	更多搭配	红枣糯米饭 + 香菇豌豆炒鸡丁 + 番茄鸡蛋汤 + 哈密瓜 牛肉酱拌面 + 凉拌腐竹油菜 + 香蕉牛奶 + 腰果

周一 15分钟

香菇猪肉馄饨套餐

提振精神，不犯困

准备食材

谷类、杂豆类	肉、蛋、奶、大豆类	蔬菜	水果	坚果	调料
馄饨皮 60 克，玉米粒 20 克	猪肉馅 60 克，鸡蛋 1 个，酸奶 100 克	生菜 40 克，香菇 50 克，彩椒 10 克	牛油果 20 克，橙子 40 克	腰果 15 克	盐、生抽、香油、芝麻沙拉酱各适量，葱花、姜末各少许

制作

香菇猪肉馄饨

1. 香菇洗净，剁碎，同猪肉馅混合在一起。
2. 肉馅中加入葱花、姜末、盐、生抽、香油搅拌拌匀；取馄饨皮，包入馅料，做成馄饨生坯。
3. 锅内加水煮沸，下入馄饨生坯煮熟，盛入碗中，淋上香油，撒上葱花即可。

牛油果鸡蛋沙拉

1. 生菜洗净撕成片；彩椒洗净切小丁；玉米粒煮熟；鸡蛋煮熟后，切块；牛油果去皮、核，切块。
2. 把生菜片、牛油果块、彩椒丁、鸡蛋块、玉米粒一起放在碗里，放进芝麻沙拉酱拌匀即可。

腰果酸奶 + 橙子

1. 酸奶倒入杯中，把腰果撒在酸奶上面即可。
2. 橙子洗净，切片，摆放在酸奶旁边即可。

营养师点评

香菇猪肉馄饨中碳水化合物、蛋白质都比较丰富，且含有丰富的膳食纤维，可以延缓餐后血糖上升速度。搭配时令蔬菜沙拉，其中富含油脂的牛油果，具有较强的抗氧化和一定的提高免疫力的作用。

周二 17分钟

五谷丰登套餐

促进骨骼生长

准备食材

谷类、杂豆类	肉、蛋、奶、大豆类	蔬菜	水果	坚果	调料
玉米 20 克，小米、大米各 15 克	虾仁 80 克	紫薯 20 克，圣女果 30 克，生菜 50 克，胡萝卜 20 克	哈密瓜 60 克	花生 15 克，腰果 15 克	芝麻沙拉酱适量

制作

五谷丰登

1. 玉米、紫薯、花生、胡萝卜洗净；紫薯、胡萝卜去皮切块；玉米切段。
2. 锅中加水，将玉米、花生、紫薯、胡萝卜一起放入蒸笼，蒸 20 分钟左右即可。

虾仁圣女果腰果沙拉

1. 虾仁洗净，去虾线；生菜、圣女果洗净；生菜撕成片；圣女果对半切开，腰果放置一边备用。
2. 虾仁放开水中焯熟；将虾仁、生菜片、圣女果块混合在一起，加入芝麻沙拉酱搅拌均匀，腰果撒在上面即可。

营养师点评

花生富含不饱和脂肪酸、蛋白质、维生素 E 和钙，对孩子的骨骼成长和大脑发育都十分有好处。此套餐包含谷物种类多，可以为孩子提供充足的 B 族维生素。

小米大米粥 + 哈密瓜

1. 小米、大米淘洗干净；哈密瓜洗净，切块，放入盘中。
2. 锅中加水，大火烧开，放入大米、小米煮开转中火，煮至浓稠软糯即可。

周三

17
分钟

促进大脑发育

什锦三文鱼炒饭套餐

准备食材

谷类、杂豆类	肉、蛋、奶、大豆类	蔬菜	水果	坚果	调料
大米 50 克，燕麦 30 克	三文鱼 60 克，酸奶 100 克，鸡蛋 1 个	西葫芦 20 克，洋葱 20 克，豌豆 20 克，黄瓜 20 克	火龙果 50 克	开心果 15 克	盐、生抽、白胡椒粉、香油各适量，葱花、少许

制作

什锦三文鱼炒饭

1. 燕麦洗净，浸泡 4 小时；将洗净的大米、燕麦和适量清水放入电饭锅，煮熟盛出。
2. 豌豆洗净；三文鱼、西葫芦、洋葱洗净，切丁；三文鱼加白胡椒粉腌制；豌豆沸水煮熟。
3. 锅内倒油烧热，放入三文鱼丁、洋葱丁、西葫芦丁翻炒至熟，放入豌豆、米饭、生抽，翻炒均匀即可。

注：步骤 1 可用电饭锅预约功能，提前煮熟。

黄瓜鸡蛋汤

1. 鸡蛋洗净，打成蛋液；黄瓜洗净切片。
2. 锅内倒油烧热，炒香葱花，加入适量开水。
3. 待水开后，加入黄瓜片煮软，淋入蛋液，加盐、滴入香油盛出即可。

火龙果酸奶 + 开心果

1. 酸奶倒入杯中，火龙果剥皮、切小块、用勺子压成汁，倒在酸奶上，轻轻搅拌一下即可。
2. 开心果剥壳后，放酸奶旁边。

营养师点评

西葫芦富含维生素 C、胡萝卜素、钾、硒等元素，洋葱中硒的含量也非常丰富，两者和三文鱼搭配食用，能帮助孩子提高免疫力，促进消化吸收，还有利于大脑发育。

周四

20 分钟

强身健体

蔬菜鸭肉面套餐

准备食材

谷类、杂豆类	肉、蛋、奶、大豆类	蔬菜	水果	坚果	调料
燕麦 25 克，面条 50 克	熟鸭肉 50 克，黄豆 10 克	小油菜 20 克，土豆 30 克，胡萝卜 30 克	雪梨 60 克	核桃仁 15 克	盐、生抽各适量，葱花、姜片、花椒各少许

制作

蔬菜鸭肉面

1. 小油菜洗净，切段。
2. 锅热放油，放入葱花、姜片爆香，加入开水，放入面条煮熟。
3. 加入盐和生抽调味，最后放入熟鸭肉和小油菜略煮即可。

炒土豆胡萝卜丝

1. 土豆、胡萝卜洗净去皮，切成丝。
2. 锅置火上加油烧热，放入葱花、花椒炒香，放入胡萝卜丝、土豆丝一起翻炒至熟，最后放盐调味即可。

燕麦核桃豆浆 + 雪梨

1. 黄豆、核桃仁、燕麦洗净，放入豆浆机中，加适量水，煮至豆浆机提示豆浆做好即可。
2. 雪梨洗净、切块，装盘即可。

营养师点评

鸭肉中蛋白质含量很高，还含钙、磷、铁和维生素 B_1，搭配胡萝卜，可以促进孩子骨骼生长，保护视力。雪梨中含有丰富的果酸、铁等营养物质。燕麦富含叶酸，可以预防贫血，和雪梨一起搭配食用可以强身健体，提高免疫力和记忆力。

豆浆机更多搭配

比牛奶还有营养的 3 种热饮

核桃 + 杏仁 + 绿豆 + 黄豆
提高学习效率

腰果 + 黄豆 + 小米
增强免疫力

黄豆 + 杏仁 + 榛子
活力满分

周五

20
分钟

培根奶酪煎蛋饼套餐

长高益智

准备食材

谷类、杂豆类	肉、蛋、奶、大豆类	蔬菜	水果	坚果	调料
面粉 15 克，大米 30 克，玉米粒 25 克	牛奶 250 毫升，马苏里拉芝士碎 50 克，培根 30 克，鸡蛋 1 个	豌豆 20 克，胡萝卜 20 克，西蓝花 20 克，生菜 20 克，圣女果 10 克	橙子 60 克	核桃仁 15 克	盐、胡椒粉、番茄酱、油醋汁各适量

制作

培根奶酪煎蛋饼

1. 鸡蛋打散，加入一半的牛奶、面粉、胡椒粉、盐拌匀成蛋糊；豌豆洗净；胡萝卜洗净去皮，切成丝。
2. 豌豆焯熟；平底锅倒油烧热，放入培根煎熟，切块；胡萝卜丝放入锅中，翻炒至熟盛出。
3. 蛋糊倒入平底锅中煎熟，加入培根、豌豆、胡萝卜丝、芝士碎；待芝士碎融化时，从一边卷起成蛋卷，挤上番茄酱即可。

营养师点评

奶酪含有丰富的蛋白质、钙、磷、维生素 A 等营养素，孩子可以每天都适量吃一点，属于高钙高蛋白的乳制品。

凉拌蔬菜

1. 生菜、西蓝花洗净，西蓝花焯熟。
2. 将西蓝花、生菜、圣女果一起摆放在盘中，淋上油醋汁拌匀即可。

牛奶鲜玉米粥 + 橙子

1. 大米、玉米粒洗净；核桃仁和剩余的牛奶打碎混合。
2. 锅中加水，烧开后放入大米煮熟，再加入玉米粒煮熟，调制中火倒入核桃牛奶搅拌均匀微煮一下即可。
3. 橙子洗净，切片，放入碗中，摆放在旁边即可。

周六 20分钟

促进食欲

咖喱鸡肉饭套餐

准备食材

谷类、杂豆类	肉、蛋、奶、大豆类	蔬菜	水果	坚果	调料
燕麦 20 克，大米 50 克	鸡肉 65 克，鸡蛋 2 个，牛奶 200 克	土豆 10 克，胡萝卜 20 克，黄瓜 20 克，莲藕 20 克，洋葱 15 克	火龙果 60 克	花生碎 15 克	盐、香油、咖喱膏、白砂糖各适量，蒜末、姜末各少许

制作

胡萝卜土豆咖喱鸡肉饭

1. 燕麦、大米洗净；鸡肉洗净，切块；土豆、胡萝卜、洋葱洗净，去皮切块。
2. 燕麦、大米放入电饭锅中，加适量清水，焖煮；锅置火上加油烧热，加入鸡肉块、洋葱块、蒜末、姜末略炒。
3. 加入胡萝卜块、土豆块、咖喱膏，加水没过食材，煮开后改小火收汁，加盐调味，盛至做好的米饭上即可。

注：米饭可前一晚做好或使用电饭煲的预约煮饭功能。

黄瓜拌莲藕

1. 莲藕削皮，洗净，切片；黄瓜洗净，切片。
2. 莲藕沸水焯熟过凉水，沥干水，加入黄瓜片、花生碎、盐、香油，搅拌均匀即可。

双皮奶 + 火龙果

1. 鸡蛋取蛋清，加入白砂糖搅拌均匀；蛋清和牛奶倒入碗中，上锅蒸熟即可。
2. 火龙果洗净剥皮，切块盛放在碗中。

营养师点评

胡萝卜与鸡肉一起食用，荤素搭配，使胡萝卜素更好地被人体吸收。咖喱稍微有些辛辣的味道，早餐食用比较开胃。双皮奶口感香甜嫩滑，食用时可以适量搭配水果或坚果，丰富口感的层次，让孩子更有食欲。

周日 20分钟

鸡肉胡萝卜福袋套餐

促消化、易吸收

准备食材

谷类、杂豆类	肉、蛋、奶、大豆类	蔬菜	水果	坚果	调料
低筋面粉 45 克，玉米淀粉 20 克	鸡腿肉 65 克，酸奶 150 克	彩椒 40 克，芦笋 30 克，胡萝卜10 克	青葡萄 50 克	核桃仁 10 克	盐、香油、生抽各适量，葱花少许

制作

鸡肉胡萝卜福袋

1. 鸡腿肉洗净，切碎；胡萝卜洗净，去皮，切碎；低筋面粉和玉米淀粉混合后，加入适量沸水烫熟，加适量油揉成面团。
2. 面团分成面剂，擀成圆片；锅中加油烧热，加入胡萝卜碎煸炒断生晾凉；鸡肉碎和胡萝卜碎混合在一起，加入盐、生抽和香油调味做成肉馅；将肉馅放入面片上，做成福袋生坯。
3. 福袋生坯放入蒸锅，中火蒸 10 分钟即可。

彩椒炒芦笋

1. 芦笋洗净，切滚刀段；红、黄彩椒洗净，切块。
2. 锅置火上加油烧热，加入葱花炒出香味，加入红、黄彩椒块及芦笋段翻炒至熟，最后放入盐调味即可。

酸奶 + 青葡萄

1. 青葡萄洗净，摆盘。
2. 酸奶和核桃仁放入料理机中充分搅拌，倒入杯中即可。

营养师点评

鸡腿肉富含蛋白质，搭配膳食纤维丰富的胡萝卜，有益于孩子营养消化吸收。酸奶也是很好的高钙高脂食品，其中的营养更易消化吸收，尤其适合乳糖不耐受的孩子，食用时可以适量搭配新鲜水果和核桃。

秋末冬初早餐计划

本周所需食材

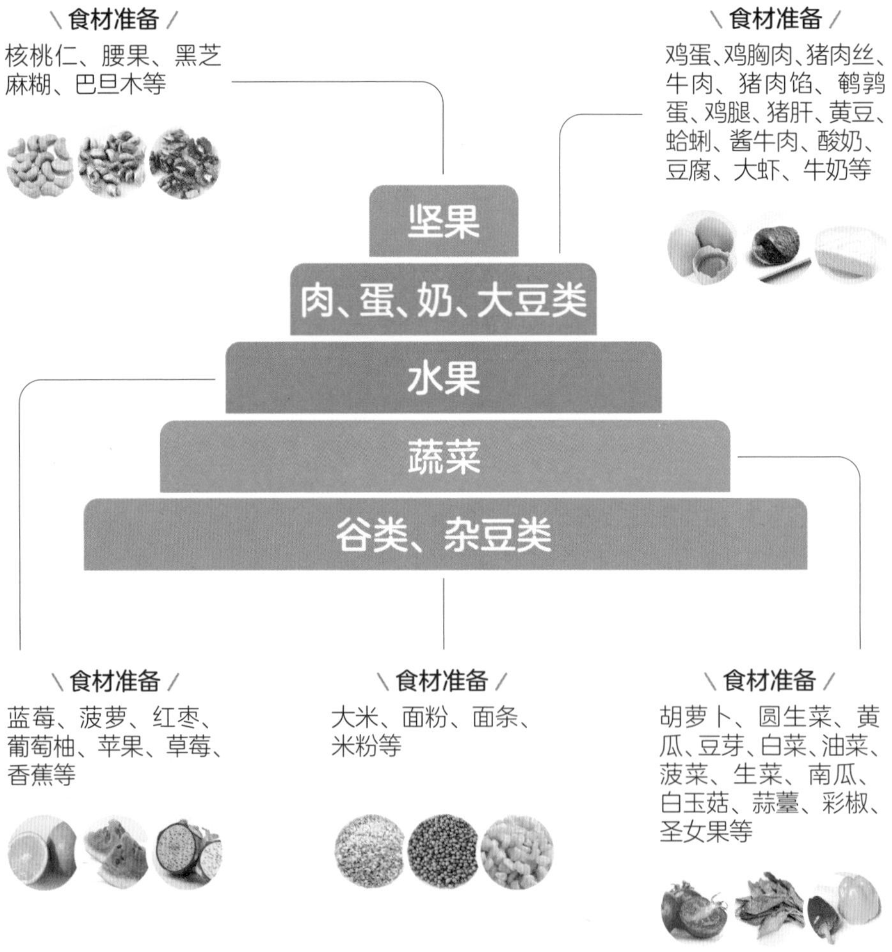

\ 食材准备 /
核桃仁、腰果、黑芝麻糊、巴旦木等
\ 食材准备 /
鸡蛋、鸡胸肉、猪肉丝、牛肉、猪肉馅、鹌鹑蛋、鸡腿、猪肝、黄豆、蛤蜊、酱牛肉、酸奶、豆腐、大虾、牛奶等
坚果
肉、蛋、奶、大豆类
水果
蔬菜
谷类、杂豆类
\ 食材准备 /
蓝莓、菠萝、红枣、葡萄柚、苹果、草莓、香蕉等
\ 食材准备 /
大米、面粉、面条、米粉等
\ 食材准备 /
胡萝卜、圆生菜、黄瓜、豆芽、白菜、油菜、菠菜、生菜、南瓜、白玉菇、蒜薹、彩椒、圣女果等

秋末冬初早餐食谱

精心安排周计划

周一	**胡萝卜圆生菜软饼套餐**	胡萝卜圆生菜软饼 + 酱牛肉拌豆芽 + 黑芝麻糊 + 香蕉
	更多搭配	热干面 + 豆角炖排骨 + 开心果酸奶 + 雪梨 蘑菇虾仁蛋炒饭 + 豆腐丝大拌菜 + 火龙果酸奶 + 核桃仁
周二	**鹌鹑蛋猪肉白菜粥套餐**	鹌鹑蛋猪肉白菜粥 + 日式照烧鸡腿 + 菠萝核桃酸奶
	更多搭配	香煎三文鱼块 + 西葫芦菠菜饼 + 小米玉米粥 + 柚子酸奶 香蕉燕麦卷饼 + 五彩瘦肉丁 + 薏米杏仁豆浆
周三	**猪肝油菜米粉套餐**	猪肝油菜米粉 + 菠菜炒鸡蛋 + 核桃牛奶 + 草莓
	更多搭配	蛋炒饭 + 西蓝花炒虾仁 + 核桃红枣豆浆 + 菠萝 蔬菜蛋饼三明治 + 黑椒虾 + 开心果酸奶 + 猕猴桃
周四	**猪肉胡萝卜包套餐**	猪肉胡萝卜包 + 蓝莓时蔬坚果沙拉 + 红枣豆浆 + 煮鸡蛋
	更多搭配	红薯糯米饼 + 生菜拌彩椒 + 虾仁豌豆炒蛋 + 红枣核桃黑豆浆 杂粮馒头 + 牛肉丁炒西蓝花 + 黄瓜木耳蛋汤 + 煮花生
周五	**南瓜双色花卷套餐**	南瓜双色花卷 + 核桃鸡蛋粥 + 水煮虾 + 苹果
	更多搭配	黑芝麻馒头 + 虾皮萝卜丝 + 炸豆腐 + 蓝莓山药豆浆 板栗仔鸡燕麦饭 + 凉拌松仁芹菜叶 + 酸奶 + 草莓
周六	**菌菇蛤蜊面套餐**	菌菇蛤蜊面 + 蒜薹鸡丝 + 牛奶 + 柚子 + 腰果
	更多搭配	酱汁鸡翅高粱饭 + 清炒松仁娃娃菜 + 莲藕排骨汤 + 苹果 牛肉汉堡 + 鸡蛋炒洋葱 + 核桃杏仁豆浆 + 橘子
周日	**牛肉口袋饼套餐**	牛肉生菜口袋饼 + 豆腐白菜汤 + 苹果 + 坚果 + 酸奶沙拉
	更多搭配	菠萝煎虾饭 + 小番茄坚果蔬菜沙拉 + 牛奶 白菜鸡蛋水饺 + 葱爆羊肉 + 紫菜蛋花汤 + 香蕉

周一 10分钟

增强胃肠蠕动

胡萝卜圆生菜软饼套餐

准备食材

谷类、杂豆类	肉、蛋、奶、大豆类	蔬菜	水果	坚果	调料
面粉 60 克	酱牛肉 70 克，鸡蛋 2 个	胡萝卜 20 克，圆生菜 20 克，豆芽 30 克	香蕉 60 克	黑芝麻糊 10 克	盐、生抽、香油各适量，葱花少许

制作

胡萝卜圆生菜软饼

1. 圆生菜洗净，切成丝；胡萝卜洗净，去皮，切成丝。
2. 面粉中打入鸡蛋，放入圆生菜丝、胡萝卜丝、适量清水、葱花、盐，搅拌均匀成面糊。
3. 平底锅倒油烧热，将面糊均匀地铺在锅中，煎至两面熟透，盛出即可。

酱牛肉拌豆芽

1. 豆芽洗净，酱牛肉切条。
2. 水开加入豆芽焯熟，捞出过凉水，与酱牛肉条混合在一起。
3. 加葱花、生抽、香油搅拌均匀即可。

黑芝麻糊 + 香蕉

1. 将黑芝麻糊倒入杯中，冲入适量沸水，搅拌均匀即可。
2. 香蕉切段，放入盘中。

营养师点评

圆生菜中的维生素 E、维生素 C 的含量较高，香蕉富含维生素 C、钾，豆芽富含 B 族维生素、维生素 C、水溶性纤维素等，和套餐中的牛肉搭配组合，能够促进孩子大脑发育，豆芽和圆生菜中的膳食纤维还可以增强肠胃蠕动，促消化。

黑芝麻糊更多搭配

创意吃法，营养翻倍

黑芝麻糊 + 牛奶	黑芝麻糊 + 豆浆	黑芝麻糊 + 香蕉
助力长高	健脑益智	促消化

周二

20 分钟

唤醒味蕾

鹌鹑蛋猪肉白菜粥套餐

准备食材

谷类、杂豆类	肉、蛋、奶、大豆类	蔬菜	水果	坚果	调料
大米 60 克	鸡腿 60 克，猪肉丝 10 克，鹌鹑蛋 20 克，酸奶 200 克	白菜 60 克	菠萝 60 克	核桃仁 10 克	盐、五香粉、照烧汁各适量，葱花、姜末各少许

制作

鹌鹑蛋猪肉白菜粥

1. 大米洗净；鹌鹑蛋煮熟后去壳；白菜洗净切丝。
2. 锅置火上加水煮沸后，放入大米煮至五成熟。
3. 再放入猪肉丝、姜末煮至米粒开花；放白菜、鹌鹑蛋略煮，加盐调匀，撒上葱花即可。

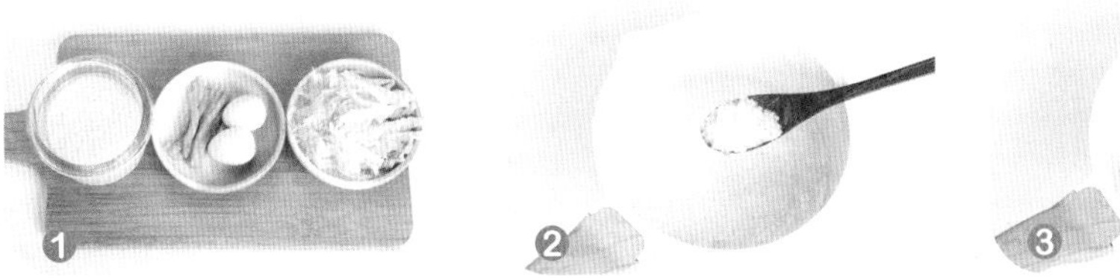

日式照烧鸡腿

1. 鸡腿洗净，划几刀，加入五香粉、盐腌制 10 分钟。
2. 锅内倒油烧热，放入鸡腿煎至两面金黄，加入照烧汁炖 10 分钟，大火收汁即可。

注：步骤 1 中鸡腿也可去骨后制作，煎熟后切成条，这样既入味又吃起来方便。

菠萝核桃酸奶

1. 菠萝洗净切块，盛放入碗中。
2. 加入酸奶，搅拌均匀撒上核桃仁即可。

营养师点评

白菜含有多种营养素，其中包括膳食纤维和维生素 C，这两种营养素有助于孩子营养消化和吸收。白菜与猪肉搭配能促进肠胃蠕动，补充维生素和膳食纤维，降低猪肉中的胆固醇的摄入，从而减少饱和脂肪酸对人体的伤害。

周三 20分钟

猪肝油菜米粉套餐

补铁，防贫血

准备食材

谷类、杂豆类	肉、蛋、奶、大豆类	蔬菜	水果	坚果	调料
米粉 60 克	猪肝 60 克， 鸡蛋 2 个， 牛奶 200 毫升	油菜 30 克， 菠菜 60 克	草莓 50 克	核桃仁 15 克	盐、香油、生抽、冰糖各适量，葱花少许

制作

猪肝油菜米粉

1. 猪肝去净筋膜，洗净，切片；油菜洗净备用。
2. 锅置火上水沸后，加入猪肝，煮至水微沸，加入米粉煮熟后放入油菜。
3. 最后放入盐、生抽、香油调味即可。

菠菜炒鸡蛋

1. 菠菜洗净，切段。
2. 锅中加水烧开，菠菜放入锅中焯烫捞出切段；鸡蛋打散，锅置火上加油烧热，油热后下入鸡蛋煎熟。加入菠菜段，放入葱花、生抽、盐翻炒均匀即可。

核桃牛奶 + 草莓

1. 核桃仁洗净，加适量水倒入料理机研磨成浆；草莓洗净、切块，摆在盘中。
2. 牛奶放入锅中，加入核桃浆、冰糖中火慢煮 2 分钟即可。

营养师点评

猪肝中富含铁，有益于人体的造血功能，促进孩子的生长发育。猪肝和油菜、苹果、草莓等富含维生素 C 的食物一起搭配食用，可以提高铁的吸收，预防缺铁性贫血。

周四 20分钟

缓解用眼疲劳

猪肉胡萝卜包套餐

准备食材

谷类、杂豆类	肉、蛋、奶、大豆类	蔬菜	水果	坚果	调料
面粉 80 克	猪肉馅 50 克，黄豆 30 克，鸡蛋 1 个	胡萝卜 20 克，黄瓜 20 克，生菜 15 克，彩椒 15 克，圣女果 20 克	蓝莓 30 克，红枣 5 枚	腰果 15 克	盐、生抽、香油、酵母粉、芝麻沙拉酱各适量，葱花、姜末各少许

制作

猪肉胡萝卜包

1. 前一天晚上，将胡萝卜洗净去皮切碎；面粉加酵母粉、水揉成面团，醒发至 2 倍大。
2. 把猪肉馅、胡萝卜碎、葱花、姜末、盐、生抽、香油混合在一起，顺时针搅拌；取出面团，揉成长条，分成面剂，擀成圆形面片；取面片，中间放馅料，做成包子生坯。
3. 蒸锅中放入适量清水，烧开后，放入包子生坯蒸熟。放置冰箱冷藏保存，第二天取出加热 5 分钟即可。

营养师点评

猪肉和胡萝卜的搭配可以使胡萝卜素和猪肉中的氨基酸、必需脂肪酸更好地被人体吸收。蓝莓中富含花青素，能帮助孩子缓解用眼疲劳，保护视力。

蓝莓时蔬坚果沙拉

1. 蓝莓洗净；圣女果洗净，对半切开；黄瓜洗净切片；生菜洗净撕成小片；彩椒洗净切条；混合在一起。
2. 加入腰果混合一起，加入芝麻沙拉酱搅拌均匀即可。

红枣豆浆 + 煮鸡蛋

1. 红枣洗净，去核，切碎。
2. 把黄豆、红枣碎一同倒入全自动豆浆机中，加适量水，煮至豆浆机提示豆浆做好即可。
3. 鸡蛋洗净，煮熟，剥壳，从中间切开，放入碗中。

周五

20 分钟

健脾暖胃

南瓜双色花卷套餐

准备食材

谷类、杂豆类	肉、蛋、奶、大豆类	蔬菜	水果	坚果	调料
面粉40克，大米30克	鸡蛋1个，大虾60克	南瓜50克，油菜30克	苹果60克	核桃碎15克	盐、酵母粉、料酒、老抽各适量，葱花少许

制作

南瓜双色花卷

1. 酵母粉用适量温水化开并调匀；南瓜洗净，削皮切块。
2. 南瓜上锅蒸熟晾凉备用；面粉分成两份，一份面粉倒入南瓜中加一半酵母水和成面团，剩下的面粉和酵母水一起和成面团；面团发酵好后揉搓成长条，揪成剂子，擀成长片，刷一层植物油。
3. 两个面片叠放在一起，然后从一侧将面片卷起，中间压一下，入锅蒸熟即可。

核桃鸡蛋粥

1. 大米洗净，用清水浸泡；鸡蛋打散；油菜洗净切段。
2. 锅置火上加水煮沸，放入大米和核桃碎，煮至米粒开花。
3. 鸡蛋液一点点倒入锅中，待煮至成型搅拌均匀，加入青菜段，加盐调味，起锅撒上葱花即可。

水煮虾＋苹果

1. 苹果洗净，切块，放入盘中。
2. 虾洗净，水开后加入盐、虾煮熟，摆盘即可。

营养师点评

南瓜双色花卷既开胃又能补充碳水化合物。核桃中含的不饱和脂肪酸对脑神经有良好的保健作用，能增强细胞活力，搭配富含优质蛋白质的鸡蛋和含维生素C的苹果，对提高皮肤弹性和脑细胞生长都有重要作用。

周六 20 分钟

提升免疫力

菌菇蛤蜊面套餐

准备食材

谷类、杂豆类	肉、蛋、奶、大豆类	蔬菜	水果	坚果	调料
面条 50 克	蛤蜊 50 克，鸡胸肉 65 克，牛奶 200 克	白玉菇 30 克，蒜薹 50 克	葡萄柚 50 克	腰果 15 克	盐、生抽各适量，葱花、姜末、蒜末各少许

制作

菌菇蛤蜊面

1. 蛤蜊用淡盐水提前浸泡，吐净泥沙，洗净；白玉菇洗净，切小段。
2. 白玉菇用沸水焯烫；锅内倒油烧热，放入白玉菇段、姜末翻炒，倒入适量水烧开，加入面条煮熟，加入蛤蜊煮至开口，加盐调味，撒上葱花即可。

蒜薹鸡丝

1. 鸡胸肉洗净，切丝；蒜薹洗净，切段。
2. 锅中倒油烧热，放入肉丝炒至变色，炒香葱花、姜末、蒜末，加入蒜薹段煸炒，淋少许生抽，加盐调味即可。

牛奶 + 柚子 + 腰果

1. 葡萄柚洗净，切块摆在盘子里，腰果也放入盘中。
2. 将牛奶以中火稍煮，放温后倒入杯中。

营养师点评

蛤蜊不仅含有丰富蛋白质和脂肪，还含有多种维生素，可以满足孩子生长发育期间对不同营养成分的需要。蒜薹中含有维生素 C、胡萝卜素和蒜素，可以增强孩子的抗病能力，具有杀菌消炎的作用。

周日

20
分钟

补充体力

牛肉口袋饼套餐

准备食材

谷类、杂豆类	肉、蛋、奶、大豆类	蔬菜	水果	坚果	调料
面粉 50 克	牛肉 40 克，豆腐 40 克，酸奶 200 毫升	胡萝卜 20 克，白菜 20 克，生菜 20 克	苹果 50 克	巴旦木 5 克，核桃仁 5 克	盐、生抽、芝麻沙拉酱各适量，葱花、姜末各少许

制作

牛肉生菜口袋饼

1. 牛肉洗净，切片；生菜洗净，撕成片；胡萝卜洗净，切丝；面粉加水揉成面团醒发。
2. 锅置火上加油烧热，加入牛肉片煎熟，加少量盐调味，盛出备用；加入胡萝卜丝煸炒至熟，加盐和生抽调味，盛出备用。
3. 面团擀成面片，中间刷油后对折，两边压实，放入锅中烙熟，最后加入牛肉和胡萝卜、生菜片即可。

注：步骤 1 和 3 中关于口袋饼皮的制作可提前准备，也可购买半成品放入冰箱，早上取出直接烙熟即可。

豆腐白菜汤

1. 白菜洗净，切成小片；豆腐洗净，切块。
2. 锅内倒油烧热，煸香姜末、葱花，放入豆腐块、白菜片、适量清水大火煮沸，转小火炖熟，加盐调味即可。

苹果 + 坚果 + 酸奶沙拉

1. 苹果洗净，切小块。
2. 酸奶倒在碗中，将苹果块、巴旦木、核桃仁加入酸奶中，搅拌均匀即可。

营养师点评

豆腐含有丰富的蛋白质和钙、磷、钾等营养素，白菜含有丰富的钾、钠等元素，豆腐白菜汤是十分经典的搭配，与蛋类和肉类一起搭配食用，人体对蛋白质的吸收率会更高。

初冬至深冬早餐计划

本周所需食材

\ **食材准备** /

核桃仁、腰果、开心果、巴旦木、黑芝麻等

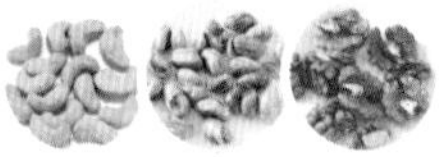

\ **食材准备** /

鸡蛋、猪肝、牛肉、猪肉馅、猪瘦肉、鹌鹑蛋、鸡肉馅、大豆、牛奶、虾仁、三文鱼、鳕鱼、酱牛肉、酸奶、干豆腐皮等

坚果

肉、蛋、奶、大豆类

水果

蔬菜

谷类、杂豆类

\ **食材准备** /

猕猴桃、雪梨、蓝莓、苹果、草莓、红心火龙果、红枣等

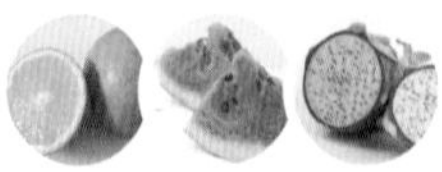

\ **食材准备** /

大米、面粉、馄饨皮、面条、吐司、玉米等

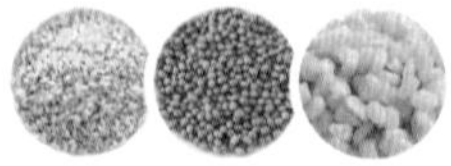

\ **食材准备** /

南瓜、菠菜、香菜、小白菜、口蘑、荠菜、胡萝卜、黄瓜、番茄、芹菜、木耳、生菜、洋葱、樱桃萝卜、苦苣、大葱、紫菜、彩椒等

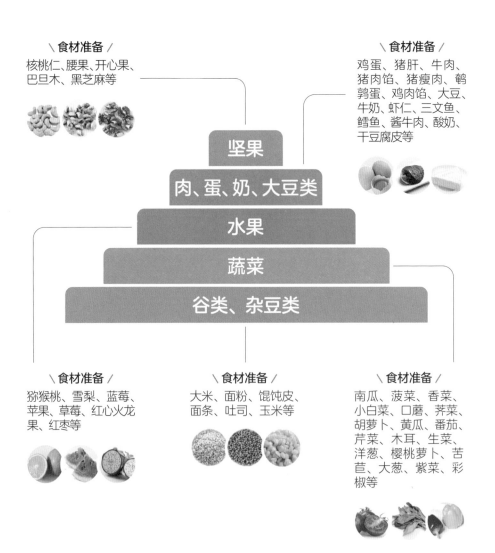

精心安排周计划

初冬至深冬早餐食谱

周一	**南瓜红枣蒸糕套餐**	南瓜红枣蒸糕 + 生滚猪肝菠菜粥 + 煮鸡蛋 + 猕猴桃
	更多搭配	猪肉大葱包 + 大拌菜 + 竹笋萝卜香菇汤 + 红枣核桃 培根酸菜酱面 + 醋熘白菜 + 米香芝麻豆浆 + 草莓
周二	**沙茶牛肉面套餐**	沙茶牛肉面 + 虾仁炒小白菜 + 蓝莓核桃酸奶
	更多搭配	羊肉馅饼 + 丝瓜炒鸡蛋 + 红枣银耳粥 + 腰果仁 盐焗鸡燕麦米饭 + 花生拌菠菜 + 酸奶 + 葡萄
周三	**三文鱼炒饭套餐**	三文鱼彩椒炒饭 + 口蘑鹌鹑蛋炖肉 + 芝麻豆浆 + 草莓
	更多搭配	翡翠白菜芝麻饭卷 + 柿子椒木耳炒鸡蛋 + 肥牛海带豆腐汤 + 猕猴桃 虾仁水饺 + 豆角炒茭白 + 苹果燕麦豆浆 + 核桃
周四	**鸡肉馄饨套餐**	荠菜鸡肉馄饨 + 凉拌三丝 + 牛奶 + 蓝莓 + 腰果
	更多搭配	土豆鸡蓉菠菜饼 + 肉末豆腐 + 木瓜芒果豆浆 + 开心果 肉片卤蛋面 + 葱炒松仁木耳 + 山药玉米汤 + 蓝莓
周五	**番茄疙瘩汤套餐**	番茄芹菜鸡蛋疙瘩汤 + 醋拌黄瓜木耳酱牛肉 + 奶香玉米棒 + 腰果 + 苹果
	更多搭配	清炖牛腩面 + 芹菜拌腐竹 + 豆腐萝卜丸子汤 + 杏仁 + 火龙果 蛋包火腿香饭 + 鸡丝粉皮 + 冰糖银耳雪梨汤 + 腰果
周六	**鳕鱼开放三明治套餐**	鳕鱼洋葱圈开放三明治 + 樱桃萝卜苦苣坚果沙拉 + 酸奶 + 雪梨
	更多搭配	香蕉紫薯卷 + 番茄炒菜花 + 鲜虾豆腐汤 + 腰果 石锅拌饭 + 蒿子秆炒豆干 + 核桃酸奶 + 桂圆
周日	**葱香猪肉龙套餐**	葱香猪肉龙 + 紫菜黄瓜鸡蛋汤 + 红心火龙果 + 开心果
	更多搭配	核桃松子鸡蛋饭 + 番茄烩羊肉 + 西米豆浆 + 樱桃 虾仁豌豆菠萝蛋炒饭 + 凉拌木耳藕片 + 牛奶玉米汁 + 南瓜子

周一 25 分钟

促进生长发育

南瓜红枣蒸糕套餐

准备食材

谷类、杂豆类	肉、蛋、奶、大豆类	蔬菜	水果	坚果	调料
面粉 30 克，大米 30 克	猪肝 50 克，鸡蛋 1 个	南瓜 30 克，菠菜 50 克	猕猴桃 50 克，红枣 5 枚	巴旦木碎 15 克	盐、香油、酵母粉各适量，姜末少许

制作

南瓜红枣蒸糕

1. 南瓜洗净，去皮及瓤，切块；红枣洗净，去核，切碎；酵母粉用温水化开并调匀。
2. 南瓜蒸熟，晾凉，捣成泥，加入酵母水、面粉，揉成面团，盖保鲜膜，放置发酵。
3. 面团发至 2 倍大时，再次排气按揉成团，放入蒸碗醒发 20 分钟后，加红枣碎、巴旦木碎，上锅蒸 20 分钟，晾凉后切块即可。

生滚猪肝菠菜粥

1. 大米淘洗干净；猪肝洗净，切片，再多冲几遍水，洗去血水；菠菜洗净，切段。
2. 菠菜沸水焯烫，捞出，放置一边备用；锅置火上，放入大米加适量清水煮至米粒熟软，加入猪肝片、姜末煮熟，加入菠菜段，加盐调味，淋上香油即可。

营养师点评

动物的内脏中 B 族维生素含量丰富，如猪肝、鸡心等，食用时可与南瓜、玉米、蛋类、猕猴桃一起搭配，帮助营养素更好地被身体吸收，促进孩子的生长发育。

煮鸡蛋 + 猕猴桃

1. 鸡蛋洗净，煮熟，剥壳后对半切开，放入碗中。
2. 猕猴桃洗净，去皮切块，摆放在盘中即可。

周二 20 分钟

增强体质

沙茶牛肉面套餐

准备食材

谷类、杂豆类	肉、蛋、奶、大豆类	蔬菜	水果	坚果	调料
面条 50 克	牛肉 50 克，虾仁 30 克，酸奶 100 克	小白菜 60 克，香菜 15 克	蓝莓 50 克	核桃仁 15 克	盐、生抽、沙茶酱各适量，蒜末少许

制作

沙茶牛肉面

1. 牛肉洗净，切条；香菜洗净，切段。
2. 锅置火上，加油烧热，加入牛肉翻炒至七八分熟，加入生抽、沙茶酱，翻炒出香味后加入热水煮沸，加入面条煮熟。
3. 最后撒入香菜增香即可。

虾仁炒小白菜

1. 虾仁洗净，去虾线；小白菜去根部，洗净，切段。
2. 锅内倒油烧热，爆香蒜末，放入虾仁翻炒至变色；放入小白菜段翻炒至熟软，放入盐、生抽调味即可。

蓝莓核桃酸奶

1. 蓝莓洗净。
2. 酸奶倒入碗中，旁边放上蓝莓、核桃仁即可。

营养师点评

牛肉是高蛋白、低脂肪的食物，营养价值高，冬季是最需进补和保健的季节，可以多吃些牛肉来增强孩子体质。小白菜含有维生素 K 和维生素 C，可以促进儿童成长，日常可以和香菇、虾仁、豆腐、猪肉、冬瓜等一起搭配食用。

周三
20
分钟
强健大脑
三文鱼炒饭套餐

准备食材

谷类、杂豆类	肉、蛋、奶、大豆类	蔬菜	水果	坚果	调料
米饭 60 克	三文鱼 30 克，猪瘦肉 25 克，鹌鹑蛋 13 克，大豆 20 克	彩椒 50 克，黄瓜 20 克，口蘑 30 克	草莓 60 克	黑芝麻 5 克	盐、胡椒粉、红烧酱油、冰糖各适量，姜片、葱段、料酒各少许

制作

三文鱼彩椒炒饭

1. 彩椒、黄瓜洗净，切小丁；三文鱼洗净，切小块；剩米饭盛入碗中，备用；取少许葱段切末。
2. 锅中加油烧热，煎熟三文鱼，加入彩椒、黄瓜和米饭炒散，加葱末和盐调味即可。

营养师点评

鹌鹑蛋含有丰富的蛋白质和矿物质，搭配硒元素含量较高的口蘑，具有抗氧化的作用，同时为身体提供丰富的营养。黑芝麻含有钙、维生素 E 和多不饱和脂肪酸，搭配三文鱼、黄豆一起食用可以强健大脑、增强免疫力。

口蘑鹌鹑蛋炖肉

1. 鹌鹑蛋、猪肉、口蘑洗净。
2. 鹌鹑蛋煮熟，去皮；猪瘦肉切条；口蘑切片；锅中加油烧热，放入猪瘦肉、姜片和葱段一起煸炒，加入料酒、红烧酱油、冰糖、口蘑、鹌鹑蛋和适量热水一起煮 10 分钟，最后加入盐和胡椒粉调味即可。

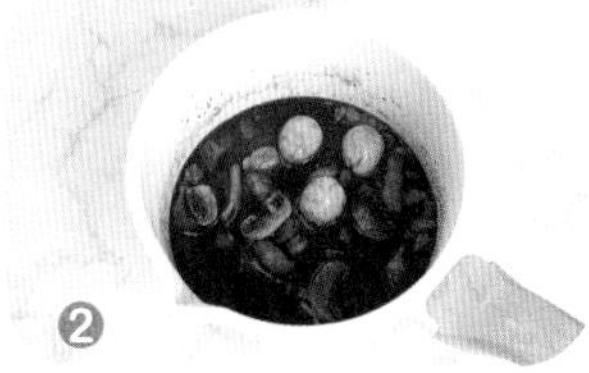

芝麻豆浆 + 草莓

1. 大豆、黑芝麻洗净，加适量清水倒入豆浆机中，煮熟后倒在杯中。
2. 草莓洗净，放在碗中。

周四

20
分钟

预防近视

鸡肉馄饨套餐

准备食材

谷类、杂豆类	肉、蛋、奶、大豆类	蔬菜	水果	坚果	调料
馄饨皮 50 克	鸡肉馅 20 克，鸡蛋 1 个，干豆腐皮 40 克，牛奶 200 克	胡萝卜 15 克，荠菜 20 克，黄瓜 15 克	蓝莓 50 克	腰果 15 克	盐、淀粉、胡椒粉、生抽、香油、醋各适量，姜末、蒜末、葱花各少许

制作

荠菜鸡肉馄饨

1. 荠菜洗净，切碎；鸡蛋洗净，打散；鸡肉馅中加入盐、淀粉、胡椒粉、姜末、葱花、鸡蛋液顺时针搅拌均匀。
2. 在肉馅中加入荠菜碎，加生抽、香油；取馄饨皮包成馄饨生坯。
3. 锅内加水烧开，倒碗中，放香油、醋调成汤汁。另起锅，加清水烧开，下入馄饨生坯煮熟，捞入碗中，撒上葱花即可。

凉拌三丝

1. 干豆腐皮切丝；胡萝卜、黄瓜洗净，切丝。
2. 干豆腐皮焯烫后与胡萝卜丝、黄瓜丝放盘中，加生抽、醋、盐、蒜末拌匀，淋上香油即可。

牛奶 + 蓝莓 + 腰果

1. 蓝莓洗净，与腰果一同放入盘中。
2. 牛奶中火慢煮 2 分钟，晾凉后倒入杯中即可。

营养师点评

鸡肉是高蛋白、人体低脂肪的一种肉，富含所需氨基酸，容易被孩子吸收利用。搭配富含维生素 A 和 β-胡萝卜素的胡萝卜，能有效改善用眼疲劳，帮助学龄孩子更好地保护视力。

周五 12分钟

番茄疙瘩汤套餐

胃口大开

准备食材

谷类、杂豆类	肉、蛋、奶、大豆类	蔬菜	水果	坚果	调料
面粉 20 克，玉米 30 克	酱牛肉 40 克，牛奶 200 毫升	番茄 15 克，芹菜 20 克，黄瓜 20 克，水发木耳20克	苹果 60 克	腰果 15 克	盐、生抽、香油、胡椒粉、醋、黄油各适量，蒜末、葱花、香菜末各少许

制作

番茄芹菜鸡蛋疙瘩汤

1. 番茄洗净，去皮，切小块；芹菜洗净切丁；面粉混合适量水搅拌成面疙瘩。
2. 锅中加油烧热，加入番茄块和葱花煸炒出汁；加入热水煮沸后加入面疙瘩略煮，再放入芹菜丁，最后加入盐、生抽、胡椒粉调味即可。

营养师点评

番茄富含维生素C、胡萝卜素、番茄红素、钾，和其他食物一起做成汤羹开胃促食；将玉米这样的粗粮和细粮一起搭配食用，增加了早餐风味，蛋白质、维生素等营养素补充得也更全面。

醋拌黄瓜木耳酱牛肉

1. 黄瓜洗净，切片；木耳洗净，撕小朵；酱牛肉切片。
2. 将黄瓜片、木耳、牛肉片放在盘中，加盐、蒜末、醋、香菜末和香油拌匀即可。

奶香玉米棒 + 腰果 + 苹果

1. 玉米洗净，切段；放入电饭煲内，加牛奶没过玉米，再加入黄油焖煮十五分钟即可。
2. 苹果洗净，切块，摆放在盘中，腰果放在旁边。

周六 10分钟

鳕鱼开放三明治套餐

促进大脑发育

准备食材

谷类、杂豆类	肉、蛋、奶、大豆类	蔬菜	水果	坚果	调料
吐司 1 片	鸡蛋 1 个，鳕鱼 50 克，酸奶 100 克	番茄 20 克，洋葱 10 克，生菜 15 克，樱桃萝卜 15 克，苦苣 20 克	雪梨 60 克	核桃仁 15 克	黑胡椒粉、芝麻沙拉酱适量

制作

鳕鱼洋葱圈开放三明治

1. 番茄洗净，切片；生菜洗净、撕成片；洋葱洗净，横着切分出洋葱圈；鳕鱼洗净，撒上黑胡椒粉腌制；将鸡蛋打散。
2. 平底锅置火上加油烧热，倒入鸡蛋液煎成蛋饼，盛出备用；加油烧热，加入鳕鱼煎制两面金黄盛出；加油烧热，加入洋葱圈煸熟。
3. 将吐司切去四边，依次放上生菜片、蛋饼、番茄片，再将鳕鱼片、洋葱圈放上即可。

樱桃萝卜苦苣坚果沙拉

1. 樱桃萝卜洗净，切片；苦苣洗净，切段。
2. 将樱桃萝卜、苦苣、核桃仁混合一起，加入芝麻沙拉酱搅拌均匀。

营养师点评

鳕鱼含有丰富的 DHA、蛋白质、维生素 A、维生素 D 及碘、钙、磷等营养物质，能促进孩子大脑发育，搭配富含膳食纤维的生菜和苦苣营养更加全面，还可帮助保持肠道健康。

酸奶 + 雪梨

1. 雪梨洗净，切块，摆放在盘中。
2. 酸奶倒入杯中即可。

周日 30分钟

提高学习效率

葱香猪肉龙套餐

准备食材

谷类、杂豆类	肉、蛋、奶、大豆类	蔬菜	水果	坚果	调料
面粉 50 克	猪肉馅 50 克，鸡蛋 1 个	大葱 60 克，紫菜 20 克，黄瓜 20 克	红心火龙果 50 克	开心果 15 克	盐、生抽、香油、胡椒粉、酵母粉各适量，姜末少许

制作

葱香猪肉龙

1. 酵母粉加水溶化开，倒入面粉和成面团醒发；大葱洗净，切碎，加入猪肉馅和姜末，加入生抽、香油和盐调味，顺时针搅拌均匀。
2. 面团醒发后擀成面片，肉馅均匀铺在面片上，从一侧卷起，把肉馅包裹好成肉龙。
3. 蒸锅加水煮沸，肉龙放入蒸屉蒸 20 分钟左右，取出切段即可。

注：肉龙可在前一天晚上蒸熟后冷藏，第二天早上加热食用即可。

紫菜黄瓜鸡蛋汤

1. 黄瓜洗净，切片；鸡蛋打入碗中，打散。
2. 锅内加适量清水煮沸，加入黄瓜片，大火烧开后淋入蛋液、加入紫菜，加胡椒粉、生抽、盐调味即可。

红心火龙果 + 开心果

1. 火龙果洗净，切块，摆放在碗中。
2. 开心果剥壳，放入盘中。

营养师点评

葱香猪肉龙是经典的中式早餐，肉馅中加入花椒水能去腥提鲜、保持滑嫩口感。紫菜可以促进大脑发育和骨骼发育，适合与豆腐、猪肉、鸡蛋、白萝卜、胡萝卜一起搭配食用；火龙果色彩艳丽，诱人食欲，其富含的花青素能帮助缓解用眼疲劳，帮助孩子提高学习效率。

健康小课堂

“小胖墩儿”身材逆袭的营养吃法

控体重的饮食要点

多吃高膳食纤维的食物	多吃富含膳食纤维的食物，如杂粮、薯类、绿叶菜、豆类等，这些食物可以增强孩子的饱腹感，促进肠胃蠕动消化，预防肥胖。
多吃富含维生素的食物	芹菜、西蓝花、柚子、橙子等富含维生素的食物可以促进新陈代谢，加速脂肪转化为热量的过程，有效防止脂肪堆积。
合理安排一日三餐	合理安排一日三餐的能量摄入，早餐认真吃能让孩子上午精力充沛，并且有益于控制午餐的进食量，防止午餐吃太多、摄入过多的热量。晚上活动量小，热量消耗降低，不宜吃得太多，如果摄入过多易导致脂肪堆积。
培养健康饮食习惯	吃饭前不要让孩子吃太多的零食，不要吃高糖、高盐的食物，如蜜饯、糖果、腌制品等。不要在进餐时看电视，不要让孩子过快进食。当孩子说吃饱了之后，不要勉强让孩子吃完盘子里最后剩下的食物。最好不要进食后就睡觉。

有助于控制体重的营养成分

B 族维生素	B 族维生素能促进碳水化合物、脂肪和蛋白质代谢，避免脂肪堆积。 食物来源：燕麦、花生、猪肝、木耳、香菇、坚果等。
锌	及时补充锌可以促进新陈代谢，加速热量的消耗。 食物来源：肝脏、牡蛎、鱼、坚果、豆类、蛋类等。

糙米饭带鱼营养套餐

营养师特别叮嘱

米饭中加入糙米后，不仅营养更丰富，而且还能增强饱腹感，也更扛饿，更适合减肥时食用；香干和带鱼富含优质蛋白质，搭配芹菜、番茄食用，既营养丰富，又方便消化、促进肠蠕动，可有效预防肥胖。

第三章

寒假

提高营养密度，实现寒假逆袭

寒假早餐计划

本周所需食材

\ 食材准备 /

腰果、核桃仁、莲子、栗子肉、花生仁、熟黑芝麻、巴旦木、熟花生仁、开心果、熟白芝麻等

\ 食材准备 /

猪肉馅、鸡蛋、酸奶、鸡腿、牛肉、虾仁、黄豆、鱿鱼、牛奶、羊肉卷、豆腐皮、豆腐、烤鸭肉、热狗肠（火腿肠）等

坚果

肉、蛋、奶、大豆类

水果

蔬菜

谷类、杂豆类

\ 食材准备 /

猕猴桃、砂糖橘、草莓、香蕉、山楂、红枣、雪梨、百香果、葡萄干、橙子、桂圆等

\ 食材准备 /

面粉、大米、糯米、大红豆、饺子皮、面条、燕麦片、玉米粉等

\ 食材准备 /

香菇、裙带菜、金针菇、菠菜、胡萝卜、冬笋片、土豆、小白菜、冬瓜、西葫芦、莴笋、香菜、西蓝花、洋葱、红薯、生菜、番茄、水发木耳、莲藕、白玉菇、蒿子秆、荷兰豆、红彩椒等

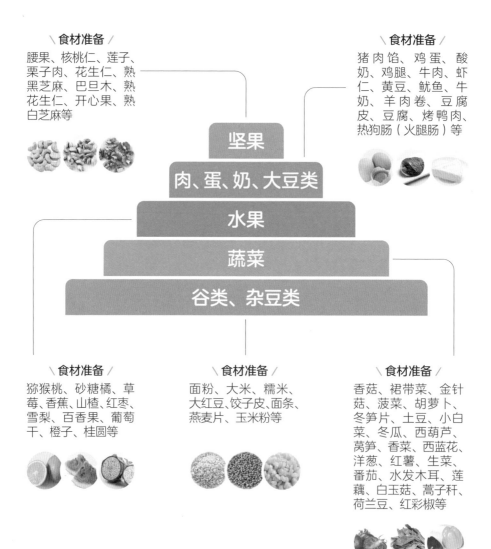

寒假早餐食谱

精心安排周计划

周一	**猪肉虾仁鲜菇包套餐**	香菇虾仁猪肉包 + 裙带菜蛋汤 + 酸奶 + 橙子
	更多搭配	牛油果煎蛋吐司 + 香煎鸡排 + 水果酸奶沙拉 秋葵肉末厚蛋烧 + 豆浆 + 猕猴桃橙子 + 坚果
周二	**桂圆莲子八宝粥套餐**	桂圆莲子八宝粥 + 果仁胡萝卜炒菠菜 + 日式照烧鸡腿 + 猕猴桃
	更多搭配	米饭蛋饼 + 虾仁蔬菜沙拉 + 小米藜麦粥 + 香蕉酸奶 + 腰果 口袋三明治 + 苹果炖银耳 + 牛油果橙子 + 坚果
周三	**咖喱牛肉盖浇饭套餐**	咖喱牛肉盖浇饭 + 冬瓜小白菜豆腐汤 + 砂糖橘 + 核桃
	更多搭配	豇豆鸡蛋奶香饼 + 酱牛肉 + 香菇油菜粥 + 火龙果酸奶 + 开心果 吐司披萨 + 豆浆 + 牛油果鸡蛋沙拉 + 猕猴桃橘子
周四	**西葫芦鸡蛋锅贴套餐**	西葫芦鸡蛋锅贴 + 莴苣丝拌烤鸭丝 + 牛奶坚果燕麦粥 + 草莓
	更多搭配	胡萝卜鸡蛋煎饼盒子 + 五谷米糊 + 猕猴桃橘子 + 坚果 牛肉生煎包 + 紫菜蛋花汤 + 猕猴桃 + 水果坚果酸奶沙拉
周五	**生菜红薯煎蛋饼套餐**	生菜红薯煎蛋饼 + 椒香牛肉丁炒西蓝花 + 红枣核桃豆浆 + 香蕉
	更多搭配	什锦厚蛋烧 + 水果玉米 + 豆浆 + 芒果猕猴桃 + 坚果 菠菜鸡蛋牛肉面 + 猕猴桃 + 腰果
周六	**黄金热狗卷套餐**	黄金热狗卷 + 莲藕木耳花生仁大拌菜 + 牛奶 + 雪梨
	更多搭配	黄瓜鸡蛋薄饼 + 卤牛肉 + 山药红枣糊 + 水果酸奶沙拉 + 坚果 香煎三文鱼 + 南瓜发糕 + 牛奶 + 蔬菜沙拉 + 猕猴桃
周日	**羊肉杂蔬面套餐**	羊肉杂蔬面 + 荷兰豆炒鱿鱼圈 + 百香果汁 + 开心果
	更多搭配	牛肉白菜饺子 + 西蓝花炒胡萝卜 + 小米牛奶粥 + 香蕉 + 腰果 番茄肉丝面 + 香油拌杂蔬 + 百香果酸奶 + 巴旦木

周一 30分钟

猪肉虾仁鲜菇包套餐

促进钙吸收

准备食材

谷类、杂豆类	肉、蛋、奶、大豆类	蔬菜	水果	坚果	调料
面粉 80 克	猪肉馅 50 克，虾仁 75 克，鸡蛋 1 个，酸奶 150 克	香菇 100 克，裙带菜 5 克	橙子 50 克	腰果 10 克	葱末、姜末各少许，酵母粉、泡打粉、生抽、白糖、盐、香油、高汤各适量

制作

香菇虾仁猪肉包

1. 虾仁、香菇洗净，切碎，加入猪肉馅中再加盐、葱末、姜末、生抽、高汤、白糖搅打上劲。
2. 面粉加水、酵母粉、泡打粉和成面团，醒发至 2 倍大，搓条，制成剂子，压扁擀成包子皮，包馅，捏褶成小笼包状（可以前一天晚上完成）。
3. 将包子生坯上笼蒸 20 分钟，关火，焖 3 分钟后开盖下屉即可。

裙带菜蛋汤

1. 将裙带菜洗净，切块，放碗中；鸡蛋磕开，搅匀。
2. 锅热放油，加入葱末炒香，放适量水烧开，放入裙带菜，待水再次沸腾时，淋入鸡蛋液，待蛋花浮起时，放盐、香油，搅匀即可。

酸奶 + 橙子

1. 酸奶倒入杯中，腰果放旁边。
2. 橙子切片，放入盘中。

营养师点评

虾仁含有丰富的蛋白质、钙等，搭配富含维生素 D 的香菇食用，可以促进钙吸收，帮助孩子长个儿。再配上鲜香的裙带蛋汤，既能让孩子爱上这跳跃的口感，又能获得一上午的营养补充。

周二 20分钟

增强大脑活力

桂圆莲子八宝粥套餐

准备食材

谷类、杂豆类	肉、蛋、奶、大豆类	蔬菜	水果	坚果	调料
大米 40 克，糯米 20 克，大红豆 20 克	鸡腿 60 克，豆腐皮 30 克	香菇、金针菇、菠菜各 50 克，胡萝卜、冬笋片各 30 克	猕猴桃 50 克，红枣 3 枚，葡萄干、桂圆各 5 克	核桃仁、栗子肉、花生仁、莲子各 5 克，熟黑芝麻 3 克	盐、香油、五香粉、照烧汁各少许

制作

桂圆莲子八宝粥

1. 糯米、桂圆、莲子、大红豆、花生仁分别洗净，糯米、大红豆和花生仁浸泡 4 小时，大米浸泡 30 分钟（这一步可提前准备）。
2. 锅内倒清水烧沸，将糯米、桂圆、莲子、大红豆倒入锅中熬煮，六成熟时加入红枣、栗子肉、核桃仁、花生仁，撒葡萄干煮熟即可。

果仁胡萝卜炒菠菜

1. 胡萝卜去皮，切条；香菇洗净，去蒂，切丝；菠菜洗净，切段；豆腐皮切条；金针菇洗净，焯烫。
2. 锅热放油，放金针菇、菠菜段、胡萝卜条、冬笋片、豆腐皮条、香菇丝翻炒均匀，加盐调味，放入适量清水焖煮约 3 分钟，滴上香油拌匀即可。

日式照烧鸡腿 + 猕猴桃

1. 鸡腿洗净，划几刀，加入五香粉、盐腌制 30 分钟。
2. 锅内倒油烧热，放入鸡腿煎至两面金黄，加入照烧汁炖 10 分钟，大火收汁，撒熟黑芝麻即可。
3. 猕猴桃去皮，切片；放在旁边即可。

营养师点评

桂圆莲子八宝粥含有维生素 C、钙、优质蛋白质、膳食纤维等营养，能促进食欲、增强大脑活力。鸡肉含有的蛋白质及多种维生素、钙、磷、铁、镁等成分是人体生长发育所必需的，对孩子成长有重要的作用。

周三 20分钟

咖喱牛肉盖浇饭套餐

加快新陈代谢

准备食材

谷类、杂豆类	肉、蛋、奶、大豆类	蔬菜	水果	坚果	调料
大米 80 克	牛肉 50 克，虾仁 30 克，豆腐 50 克	土豆块、胡萝卜块各 50 克，小白菜、冬瓜各 60 克	砂糖橘 50 克	核桃仁 10 克	蒜末、姜片、葱花各少许，咖喱粉、盐、生抽、料酒、水淀粉各适量

制作

咖喱牛肉盖浇饭

1. 牛肉块放锅中煮熟；大米洗净，煮成米饭。
2. 锅热放油，放入牛肉块、蒜末、姜片翻炒，加入料酒、土豆块、胡萝卜块、咖喱粉和盐炒匀，加水煮沸炖至浓稠，水淀粉勾芡，撒上葱花。
3. 米饭盛入盘中，淋上咖喱牛肉即可。

冬瓜小白菜豆腐汤

1. 小白菜洗净，切小段；冬瓜去皮及瓤，洗净，切片；豆腐洗净，切块；虾仁洗净。
2. 锅热放油，放入姜片、蒜末爆香，放入豆腐翻炒，放入冬瓜片、生抽翻炒均匀，加适量水大火煮沸。待冬瓜片变软，加入小白菜段、虾仁煮熟，加盐调味即可。

营养师点评

牛肉中含有丰富的蛋白质、维生素 A、B 族维生素、磷、铁、钾等营养物质，能促进孩子大脑发育，还有助于孩子的身体成长，加快新陈代谢，可以与胡萝卜、茶树菇等一起搭配食用。

砂糖橘 + 核桃

砂糖橘和核桃仁，放在旁边。

西葫芦鸡蛋锅贴套餐

周四

20 分钟

减轻疲劳

准备食材

谷类、杂豆类	肉、蛋、奶、大豆类	蔬菜	水果	坚果	调料
饺子皮30克，燕麦片20克	烤鸭肉50克，鸡蛋1个，牛奶100克	西葫芦100克，莴笋、胡萝卜各50克	草莓60克	巴旦木10克	葱末、姜末、蒜末各适量，淀粉、盐、糖，蚝油，生抽，花椒各少许

制作

西葫芦鸡蛋锅贴

1. 鸡蛋打入碗中，搅成蛋液，锅热放油，炒成蛋碎；加葱末、姜末、蒜末，放入切好的西葫芦丝，加盐拌成馅。
2. 取馅包入饺子皮中，制成生坯，放入加了油的电饼铛中，倒入适量清水，煎10分钟即可。

营养师点评

西葫芦含有维生素C、膳食纤维等营养，能为孩子提供热量和生长发育的所需的必要支持。燕麦富含B族维生素、膳食纤维等，能有效弥补精米白面中缺乏的B族维生素，其中富含的维生素B_1，可帮助孩子减轻疲劳、搭配坚果和草莓，可促进脑部发育，也能预防便秘。

莴笋丝拌烤鸭丝

1. 莴笋去皮，切条，焯水；胡萝卜去皮，切丝，焯水；烤鸭肉撕成丝。
2. 将上述食材放入碗中，加盐，糖，生抽，蚝油各少许，拌匀备用。
3. 锅热放油，加花椒炒出香味，捞出花椒，把花椒油趁热浇在蒜末上，拌匀装盘即可。

牛奶坚果燕麦粥 + 草莓

1. 锅内加适量清水，放入燕麦片煮开，倒入牛奶煮熟。
2. 盛出牛奶燕麦粥放上巴旦木，草莓洗净摆盘即可。

周五 20分钟

生菜红薯煎蛋饼套餐

开胃、助消化

准备食材

谷类、杂豆类	肉、蛋、奶、大豆类	蔬菜	水果	坚果	调料
面粉 80 克	牛肉 50 克，鸡蛋 1 个，黄豆 10 克	西蓝花 80 克，洋葱 30 克，生菜叶 50 克，红薯 80 克，番茄 10 克	香蕉 50 克，山楂 30 克，红枣 3 枚	核桃仁 10 克	酱油、姜汁、蒜末各适量，盐少许

制作

生菜红薯煎蛋饼

1. 红薯洗净，去皮，切块，上锅蒸熟后碾成泥；生菜洗净，撕片；番茄洗净，切片；鸡蛋煎成太阳蛋。
2. 面粉加入凉白开和红薯泥搅拌均匀成红薯面糊。
3. 平底锅中加油烧热，倒入面糊，煎至两面全熟。取出放上生菜叶、番茄片和煎蛋即可。

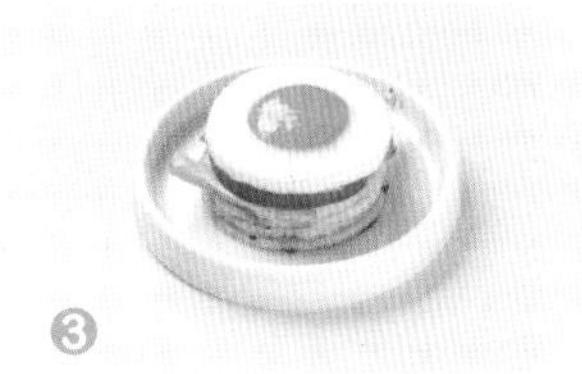

椒香牛肉丁炒西蓝花

1. 牛肉洗净，切丁，用酱油、姜汁抓匀，腌制 30 分钟（可提前做准备）；西蓝花洗净，掰小朵；洋葱洗净，切丁。
2. 锅热放油，炒香蒜末，放入牛肉丁翻炒，放入洋葱丁、西蓝花煸炒，加盐调味即可。

红枣核桃豆浆 + 香蕉

1. 将黄豆、核桃仁和去核红枣放入豆浆机中，加适量水制成豆浆即可。
2. 香蕉去皮，切段；山楂洗净，放在旁边即可。

周六 20分钟

黄金热狗卷套餐

促进骨骼生长

准备食材

谷类、杂豆类	肉、蛋、奶、大豆类	蔬菜	水果	坚果	调料
玉米粉 30 克，面粉 20 克	牛奶 100 克，热狗肠 80 克	水发木耳 50 克，莲藕 50 克，菠菜 50 克，香菜 10 克	雪梨 50 克	熟白芝麻 5 克，熟花生仁 10 克	酵母粉、生抽、醋、盐、香油各适量，蒜末少许

制作

黄金热狗卷

1. 将玉米粉与面粉混合，加入适量酵母粉，温水和成光滑面团，发酵到 2 倍大。
2. 取面团，分成 3 份，搓成均匀的筷子粗细的面条，缠绕在热狗肠上，绕三圈即可。
3. 依次卷好以后蘸一点水，再粘上芝麻，芝麻面朝下，放蒸屉上醒发到 2 倍大，冷水上锅蒸 15 分钟，焖 2 分钟。

注：热狗卷可在前天晚上提前做好，第二天早上微波炉加热即可，也可买半成品。

莲藕木耳花生仁大拌菜

1. 水发木耳洗净，撕小朵；莲藕洗净，去皮，切片；菠菜洗净；分别焯水后，莲藕过凉水，菠菜切段。
2. 将木耳、莲藕片、熟花生仁，菠菜段放盘中，加入蒜末、生抽、醋、盐、香油拌匀，撒上香菜即可。

牛奶 + 雪梨

1. 牛奶倒入杯中，放微波炉加热 1 分钟即可。
2. 雪梨洗净，切块，摆盘。

营养师点评

这一餐既富含碳水又富含蛋白质，不仅美味还能促进骨骼生长。另外，莲藕富含膳食纤维，搭配富含木耳多糖、铁、维生素 C、不饱和脂肪酸的木耳，能给孩子补充丰富营养，促进消化吸收。

周日

18 分钟

预防贫血

羊肉杂蔬面套餐

准备食材

谷类、杂豆类	肉、蛋、奶、大豆类	蔬菜	水果	坚果	调料
面条 80 克	羊肉卷 60 克，鱿鱼 50 克	白玉菇、蒿子秆、胡萝卜各 50 克，荷兰豆 50 克，红彩椒 20 克	百香果 30 克	开心果 10 克	葱花、姜末各少许，盐、豆瓣酱各适量

制作

羊肉杂蔬面

1. 白玉菇洗净，掰散，焯水；蒿子秆洗净，切段；胡萝卜洗净，去皮，切片。
2. 锅热放油，放入白玉菇段、胡萝卜片翻炒，倒入适量水烧开，下入面条煮熟，再加入羊肉卷和蒿子秆煮熟，加盐调味，撒上葱花即可。

荷兰豆炒鱿鱼圈

1. 鱿鱼处理干净，切段，焯烫至卷曲后捞出；荷兰豆去老筋，洗净，焯烫后捞出；红彩椒洗净，去蒂，切条。
2. 锅内倒油烧热，爆香姜末，放入红彩椒条、荷兰豆、鱿鱼卷翻炒，加豆瓣酱调味即可。

百香果汁 + 开心果

1. 百香果洗净，切开，取出果肉放入杯中，加入适量饮用水搅拌均匀。
2. 开心果放旁边即可。

营养师点评

羊肉富含铁、优质蛋白质、烟酸等营养物质，搭配白玉菇和胡萝卜，有助于预防缺铁性贫血。鱿鱼富含蛋白质、钙、磷、维生素 C 等营养素，搭配富含膳食纤维的荷兰豆，有助于营养素的消化吸收，促进生长发育。

专题 寒假“蹿个儿”营养食谱

黄鱼小饼

食材 黄鱼肉 100 克，牛奶 30 克，洋葱 40 克，鸡蛋 1 个。

调料 淀粉 10 克，盐适量。

做法

1. 黄鱼肉洗净，剁成泥；洋葱洗净，切碎；鸡蛋打散备用。
2. 将黄鱼肉泥、洋葱碎、鸡蛋液搅拌均匀，加牛奶、盐、淀粉搅匀成鱼糊。
3. 平底锅倒油烧热，放入鱼糊煎至两面金黄即可。

香煎三文鱼

食材 三文鱼 200 克，熟黑芝麻少许。

调料 生抽 3 克，料酒适量，葱花少许。

做法

1. 三文鱼洗净，切片，用料酒、生抽腌制 30 分钟。
2. 平底锅刷少许油，将腌制好的三文鱼片放入锅中煎至两面金黄，撒上熟黑芝麻、葱花即可。

清蒸牡蛎

食材 牡蛎 300 克。

调料 料酒 3 克，姜片 5 克。

做法

1. 牡蛎用刷子刷洗干净，加料酒、姜片腌制 10 分钟。
2. 将牡蛎摆放在蒸屉上，盖盖儿，大火烧开后继续蒸 3 分钟即可。

红烧羊排

食材 羊排 250 克，胡萝卜、土豆各 80 克。

调料 葱末、姜末、蒜末、料酒、冰糖各 5 克，盐 1 克，大料 1 个，香叶 2 克。

做法

1. 羊排洗净，剁段，凉水下锅，焯水捞出；胡萝卜、土豆洗净，去皮，切块。
2. 锅内倒油烧热，放冰糖炒出糖色，放葱末、姜末、蒜末炒匀，下羊排翻炒，加大料、香叶、料酒和适量清水。
3. 大火煮开，转小火烧至羊排八成熟，再放入胡萝卜块、土豆块烧至熟烂，加盐调味即可。

子姜羊肉

食材 羊肉 100 克，子姜 30 克，红彩椒 50 克。

调料 青蒜 10 克，料酒、生抽各 3 克，盐 1 克，淀粉适量。

做法

1. 羊肉洗净，切条，加料酒、盐、淀粉腌制 10 分钟；子姜洗净，切丝；红彩椒洗净，去蒂，切丝；青蒜洗净，切段。
2. 锅内倒油烧热，炒香子姜丝，放入羊肉滑散，再放入红彩椒丝、青蒜段略炒，淋上生抽即可。

山药胡萝卜羊肉汤

食材 羊肉 200 克，胡萝卜、山药各 100 克。

调料 盐 2 克，姜片、葱段、料酒各适量。

做法

1. 羊肉洗净，切块，入沸水中焯烫，捞出冲净血沫；胡萝卜洗净，切厚片；山药去皮，洗净，切段。
2. 锅内倒油烧热，炒香姜片和葱段，放入羊肉块翻炒约 5 分钟。
3. 砂锅置火上，加入炒好的羊肉块、适量清水和料酒，大火烧开后转中小火炖约 2 小时，加入胡萝卜片、山药段再炖 20 分钟，加盐调味即可。

冬瓜玉米焖排骨

食材 猪排骨200克，冬瓜、玉米各100克。

调料 盐1克，葱段、蒜片、姜片、生抽各适量。

做法

1. 猪排骨洗净，切块；冬瓜去皮及瓤，洗净，切块；玉米洗净，切段。
2. 锅内倒油烧热，爆香蒜片、姜片，倒入排骨块翻炒，加入玉米段及适量热水，炖40分钟。
3. 加盐、生抽搅匀，加冬瓜块继续炖10分钟，放入葱段即可。

彩椒炒牛肉

食材 牛肉100克，柿子椒、红彩椒各50克。

调料 姜丝、蒜片各3克，盐1克。

做法

1. 牛肉洗净，切片；柿子椒、红彩椒洗净，切条。
2. 锅内倒油烧热，放入姜丝、蒜片爆香，放入牛肉片炒至变色，加入柿子椒条、红彩椒条翻炒至熟，加盐调味即可。

咖喱土豆牛肉

食材 牛肉300克，土豆、胡萝卜、牛奶各100克，洋葱50克。

调料 黄油5克，咖喱膏10克，蒜末、姜末、盐各适量。

做法

1. 牛肉洗净，切块；土豆、胡萝卜去皮，洗净，切块；洋葱洗净，切块。
2. 锅置火上，放入黄油烧化，炒香蒜末、姜末，加入牛肉块、洋葱块略炒。
3. 加入胡萝卜块、土豆块、咖喱膏、牛奶，倒入适量水没过食材，大火煮开后改小火收汁，加盐调味即可。

第四章

春、夏季学期早餐周计划

（3 月至 7 月）

提高免疫黄金季，吃对早餐不生病

冬末春初早餐计划

本周所需食材

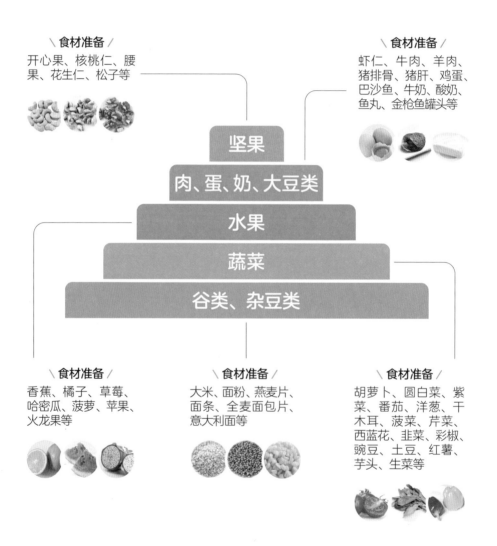

\ 食材准备 /

开心果、核桃仁、腰果、花生仁、松子等

\ 食材准备 /

虾仁、牛肉、羊肉、猪排骨、猪肝、鸡蛋、巴沙鱼、牛奶、酸奶、鱼丸、金枪鱼罐头等

坚果

肉、蛋、奶、大豆类

水果

蔬菜

谷类、杂豆类

\ 食材准备 /

香蕉、橘子、草莓、哈密瓜、菠萝、苹果、火龙果等

\ 食材准备 /

大米、面粉、燕麦片、面条、全麦面包片、意大利面等

\ 食材准备 /

胡萝卜、圆白菜、紫菜、番茄、洋葱、干木耳、菠菜、芹菜、西蓝花、韭菜、彩椒、豌豆、土豆、红薯、芋头、生菜等

冬末春初早餐食谱

精心安排周计划

周一	**虾仁蛋炒饭套餐**	胡萝卜虾仁豌豆蛋炒饭 + 紫菜鱼丸汤 + 火龙果酸奶 + 腰果
	更多搭配	牛肉馅饼 + 木耳拌黄瓜 + 奶茶 + 橙子 + 坚果 火腿蔬菜厚蛋烧 + 卤牛肉 + 牛奶燕麦粥 + 蓝莓 + 腰果
周二	**圆白菜胡萝卜丝饼套餐**	圆白菜胡萝卜丝饼 + 清蒸芋头排骨 + 燕麦核桃牛奶 + 香蕉
	更多搭配	山药排骨荞麦面 + 糖醋黄瓜 + 酸奶水果捞 香菇瘦肉粥 + 麻酱花卷 + 芒果 + 核桃
周三	**猪肝菠菜面套餐**	番茄猪肝菠菜面 + 花生仁拌胡萝卜芹菜丁 + 酸奶 + 草莓
	更多搭配	胡萝卜蛋饼 + 洋葱彩椒炒猪肝 + 牛奶 + 蓝莓 山药枸杞小米粥 + 白菜虾仁煎饺 + 生菜番茄坚果沙拉
周四	**羊肉胡萝卜汤包套餐**	羊肉胡萝卜汤包 + 清炒西蓝花木耳 + 红薯腰果大米粥 + 橘子
	更多搭配	豆渣蛋饼 + 莴笋胡萝卜鸡丁 + 红枣豆浆 + 芒果 鸡蛋火腿三明治 + 开心果蔬菜沙拉 + 牛奶 + 橙子番茄坚果沙拉
周五	**金枪鱼三明治套餐**	金枪鱼三明治 + 三彩鸡蛋羹 + 牛奶 + 开心果 + 菠萝
	更多搭配	海鲜粥 + 白菜炖豆腐 + 酸奶 + 苹果 奶香花卷 + 木耳炒蛋 + 牛奶 + 香蕉
周六	**番茄肉酱意大利面套餐**	番茄肉酱意大利面 + 牛肉罗宋汤 + 哈密瓜酸奶 + 松子
	更多搭配	红豆南瓜粥 + 酱牛肉 + 拌黄瓜 + 酸奶 排骨青菜面 + 香菇胡萝卜炒鸡蛋 + 腰果
周日	**韭菜鸡蛋饼套餐**	韭菜鸡蛋饼 + 番茄巴沙鱼 + 核桃 + 苹果
	更多搭配	黑米藜麦饭 + 丝瓜炒鸡蛋 + 酱猪肝 + 酸奶水果捞 香蕉燕麦卷饼 + 香菇炒牛肉 + 杏仁牛奶 + 橙子

周一 20分钟

虾仁蛋炒饭套餐

助力长高

准备食材

谷类、杂豆类	肉、蛋、奶、大豆类	蔬菜	水果	坚果	调料
熟米饭 50 克	鸡蛋 1 个，虾仁 30 克，鱼丸 3 个，酸奶 150 克	胡萝卜 20 克，豌豆 20 克，紫菜适量	火龙果 50 克	腰果 10 克	盐、橄榄油、胡椒粉各适量，葱花少许

制作

胡萝卜虾仁豌豆蛋炒饭

1. 胡萝卜洗净，去皮，切丁；虾仁洗净，沥干；豌豆焯水洗净，沥干；鸡蛋打散。
2. 锅内倒入橄榄油烧至六成热，倒入鸡蛋液，炒成鸡蛋块，盛出。
3. 锅底留油，放入熟米饭、胡萝卜丁、豌豆、虾仁炒熟，放入鸡蛋块略微翻炒，加盐即可。

①

②

③

紫菜鱼丸汤

1. 锅中倒适量清水，放入鱼丸煮熟。
2. 撒上紫菜、葱花，加盐、胡椒粉即可。

①

②

火龙果酸奶 + 腰果

1. 火龙果去皮，切小块，倒进酸奶中。
2. 搭配腰果食用即可。

营养师点评

胡萝卜富含胡萝卜素，可在体内转化成维生素A，增强免疫力；虾仁、鸡蛋、鱼丸提供优质蛋白质。搭配上为孩子提供钙质的酸奶，不仅助力孩子长高，还可以更好地保护孩子的视力。

周二　40分钟

保护视力

圆白菜胡萝卜丝饼套餐

准备食材

谷类、杂豆类	肉、蛋、奶、大豆类	蔬菜	水果	坚果	调料
面粉 50 克，燕麦片 10 克	猪排骨 50 克，牛奶 150 克，鸡蛋 1 个	圆白菜 50 克，胡萝卜 30 克，芋头 50 克	香蕉 50 克	核桃仁 10 克	盐、料酒、生抽各少许，生姜、葱段、葱花各适量

制作

圆白菜胡萝卜丝饼

1. 圆白菜洗净，切丝；胡萝卜洗净，去皮，切丝；鸡蛋打散备用。
2. 鸡蛋液中加入面粉、圆白菜丝、胡萝卜丝、葱花、盐和适量水，搅拌均匀。
3. 锅热放油，取适量调好的蔬菜面糊，倒在锅中煎熟即可。

清蒸芋头排骨

1. 前一天晚上把排骨洗净，沥干；生姜洗净，切片。
2. 将排骨放入料酒、葱段、姜片、生抽腌制一会儿；芋头去皮，洗净，切块。
3. 碗底先放上芋头块，再放入排骨，大火烧开后蒸 40 分钟，撒葱花。盛入碗中放入冰箱冷藏室。
4. 第二天早上放蒸锅中加热 10 分钟即可。

燕麦核桃牛奶 + 香蕉

1. 香蕉切段。
2. 锅中倒入牛奶，放入燕麦片、核桃仁煮至熟。搭配香蕉段食用即可。

营养师点评

燕麦是一种营养丰富且健康的主食，富含 B 族维生素、膳食纤维和可溶性多糖。燕麦牛奶口感醇香，搭配富含蛋白质的排骨和补脑的核桃，不仅营养丰富还能打开孩子沉睡的味蕾，孩子吃得更香了。

周三 20分钟

猪肝菠菜面套餐

预防肥胖

准备食材

谷类、杂豆类	肉、蛋、奶、大豆类	蔬菜	水果	坚果	调料
面条 80 克	猪肝 50 克，酸奶 150 克	菠菜 50 克，胡萝卜 30 克，芹菜 40 克，番茄 60 克	草莓 50 克	花生仁 10 克	盐、生抽、陈醋、香油各适量

制作

番茄猪肝菠菜面

1. 猪肝洗净，切片；番茄洗净，切块；菠菜洗净，切段。
2. 锅热放油，放入番茄翻炒出汁，倒入清水烧开，放入面条轻轻搅拌，煮约 5 分钟，放入猪肝片、菠菜段，煮熟加盐即可。

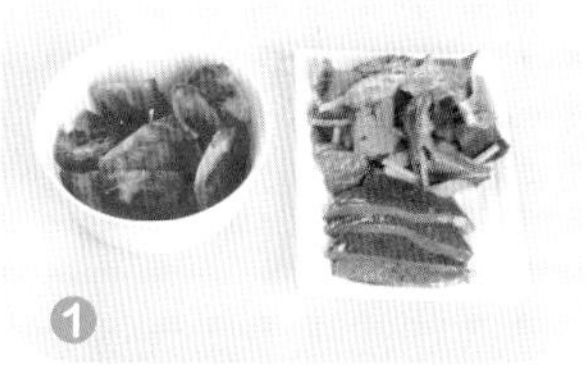

营养师点评

猪肝中含有大量蛋白质、脂肪、维生素以及微量元素等营养成分，搭配低油低盐的凉拌菜，适合需要控制体重的孩子食用。

花生仁拌胡萝卜芹菜丁

1. 胡萝卜洗净，切丁；芹菜洗净，切丁；花生仁洗净。
2. 锅中倒入清水，放入花生仁煮熟，捞出；放入胡萝卜丁、芹菜丁煮 1 分钟，捞出。
3. 将花生仁、胡萝卜丁、芹菜丁放入碗中，加入生抽、陈醋、香油，拌匀即可。

酸奶 + 草莓

1. 草莓洗净，放在碗中。
2. 酸奶倒入杯中，摆放在旁边即可。

周四 20分钟

强健体质

羊肉胡萝卜汤包套餐

准备食材

谷类、杂豆类	肉、蛋、奶、大豆类	蔬菜	水果	坚果	调料
大米 20 克，面粉 30 克	羊肉 50 克	西蓝花 30 克，干木耳 5 克，胡萝卜 50 克，红薯 50 克	橘子 60 克	腰果 10 克	葱末、姜末各少许，盐、料酒、水淀粉、五香粉、酵母各适量

制作

羊肉胡萝卜汤包

1. 前一晚准备。羊肉剁成肉末；胡萝卜洗净切碎；面粉加水、酵母和成面团醒发。肉末中加盐、五香粉、料酒、葱末、姜末、水淀粉搅拌均匀，制成肉馅，加入胡萝卜碎再次搅拌均匀。将面团和馅料放入冰箱冷藏。
2. 第二天，面团取出做成小剂子，擀成圆片，包上馅料，做成小笼包生坯，放入蒸锅加热 10 分钟即可。

营养师点评

红薯、西蓝花都富含膳食纤维，可以促进消化，增强孩子的肠蠕动；羊肉富含优质蛋白质、铁等营养素，做成包子方便食用，风味更佳。

清炒西蓝花木耳

1. 将干木耳放在清水中泡发，洗净，沥干；胡萝卜去皮，洗净，切片；西蓝花切块，洗净，放入沸水锅中焯 1 分钟后，捞出沥干。
2. 锅中放入适量的食用油，放入西蓝花块、木耳、胡萝卜片，翻炒至熟，加盐即可。

红薯腰果大米粥 + 橘子

1. 大米洗净；红薯去皮，洗净，切块。
2. 锅中注入清水，加入大米、红薯块、腰果，一起熬煮成粥。
3. 搭配橘子一起食用即可。

周五

强体健脑

金枪鱼三明治套餐

准备食材

谷类、杂豆类	肉、蛋、奶、大豆类	蔬菜	水果	坚果	调料
全麦面包片 50克	金枪鱼罐头50克，鸡蛋1个，牛奶150克，虾仁50克	彩椒10克，番茄30克，生菜20克	菠萝 50克	开心果 10克	盐、香油适量

制作

金枪鱼三明治

1. 生菜洗净，撕成片；番茄洗净，切片。
2. 取出全麦面包片，放上生菜和番茄片，将金枪鱼罐头取出，均匀放在番茄片上，盖上一片全麦面包片，沿面包片的对角线上切两刀，呈三角形，摆盘即可。

三彩鸡蛋羹

1. 鸡蛋打散，加入1:1的温水，放入适量盐，搅拌均匀；彩椒洗净，切丁；虾仁洗净，沥干。
2. 将鸡蛋液中放上虾仁、彩椒丁，盖上保鲜膜，并用牙签均匀戳几下，开水上锅，中小火蒸10分钟，取出，撕下保鲜膜，淋上香油即可。

牛奶 + 开心果 + 菠萝

1. 菠萝洗净，切小块，用盐水泡20分钟，取出，沥干。
2. 搭配牛奶、开心果食用即可。

营养师点评

金枪鱼含有丰富的优质蛋白质和DHA，搭配含钙的牛奶和含有维生素E的开心果，给孩子食用健脑又强体。菠萝含有一种叫“菠萝蛋白酶”的物质，它能分解蛋白质，帮助消化，尤其是食入肉类及油腻食物之后，适当吃些菠萝更为适宜。

周六

20 分钟

番茄肉酱意大利面套餐

提高身体活力

准备食材

谷类、杂豆类	肉、蛋、奶、大豆类	蔬菜	水果	坚果	调料
意大利面 80 克	牛肉 100 克，酸奶 150 克	土豆 50 克，番茄 60 克，洋葱 50 克	哈密瓜 50 克	松子 10 克	盐适量

制作

番茄肉酱意大利面

1. 番茄洗净，去皮，切小块；牛肉洗净，切末；洋葱去老皮，洗净，切碎。
2. 意大利面放入沸水中煮 15 分钟至熟。
3. 平底锅倒油烧热，放入洋葱碎煸香，倒入番茄块和牛肉末翻炒至汤汁浓稠，加盐调味，拌入煮好的意大利面即可。

牛肉罗宋汤

1. 前一天晚上将牛肉洗净，切丁；番茄洗净，切丁；土豆去皮，洗净，切丁；洋葱去皮，洗净，切丁。
2. 锅中倒油，油温六成热放入牛肉丁、番茄丁、土豆丁、洋葱丁翻炒均匀，倒入 800 毫升清水，煮约 30 分钟，加盐，盛出放置于冰箱冷藏室。第二天早上取出加热 10 分钟即可。

营养师点评

番茄肉酱意面可以提供钙、铁、优质蛋白质、番茄红素和碳水化合物等营养物质，有助于补充体力、增强免疫力。搭配含有钙、维生素 C 的牛肉罗宋汤，助力孩子长高，还有助于保持肠道健康。

哈密瓜酸奶 + 松子

1. 哈密瓜洗净，切块，倒入酸奶中。
2. 搭配松子食用即可。

周日　20分钟

提高记忆力

韭菜鸡蛋饼套餐

准备食材

谷类、杂豆类	肉、蛋、奶、大豆类	蔬菜	水果	坚果	调料
面粉 30 克	鸡蛋 1 个，巴沙鱼 80 克	韭菜 100 克，番茄 80 克	苹果 60 克	核桃仁 10 克	盐、胡椒粉、料酒、生抽、水淀粉各适量，葱花少许

制作

韭菜鸡蛋饼

1. 韭菜洗净，沥干，切碎；鸡蛋打散。
2. 面粉中倒入鸡蛋液，加入韭菜碎，顺时针搅匀成面糊，加入少量盐、胡椒粉搅匀。
3. 平底锅加热刷油，倒入面糊铺平，大概 2 分钟后翻面，待饼膨起即可。

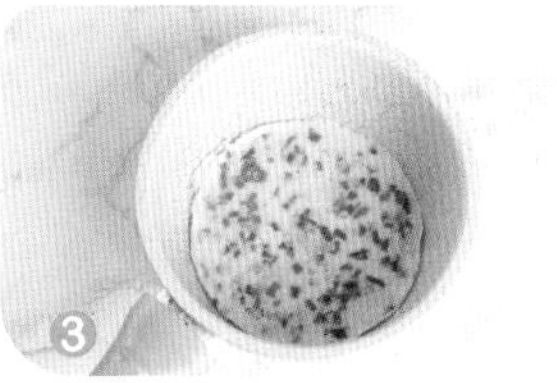

番茄巴沙鱼

1. 巴沙鱼洗净，切大块，用料酒、生抽、水淀粉腌制 5 分钟；番茄去皮，洗净，切块。
2. 锅内倒油烧至七成热，下入番茄翻炒至软，加水煮开，放入巴沙鱼块，煮至鱼块变色，大火收汁，撒葱花，加盐即可。

核桃 + 苹果

1. 苹果洗净，切大块。
2. 搭配核桃仁食用即可。

营养师点评

韭菜鸡蛋饼富含钙、优质蛋白质、膳食纤维、碳水化合物等，有助于预防便秘、强健骨骼。巴沙鱼含一定量的 DHA 和 EPA，还含有丰富的卵磷脂，有助于提高记忆力。搭配苹果和核桃食用，既增加了营养密度，又提升了口感。

早春至晚春早餐计划

本周所需食材

食材准备

开心果、核桃仁、腰果、巴旦木、杏仁等

食材准备

鸡蛋、牛肉、猪肝、鸡翅、猪瘦肉、鸡胸肉、五花肉、牛肉馅、豆腐、酸奶、牛奶等

- 坚果
- 肉、蛋、奶、大豆类
- 水果
- 蔬菜
- 谷类、杂豆类

食材准备

菠萝、橙子、香梨、红枣、苹果、猕猴桃、芒果等

食材准备

面粉、燕麦片、大米、糯米粉、饺子皮、面条等

食材准备

白菜、胡萝卜、南瓜、洋葱、干木耳、荷兰豆、西葫芦、蟹味菇、芦笋、生菜、彩椒、油菜、香菇、莴笋、扁豆、菠菜、土豆、红薯、豌豆等

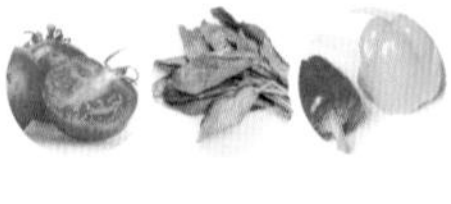

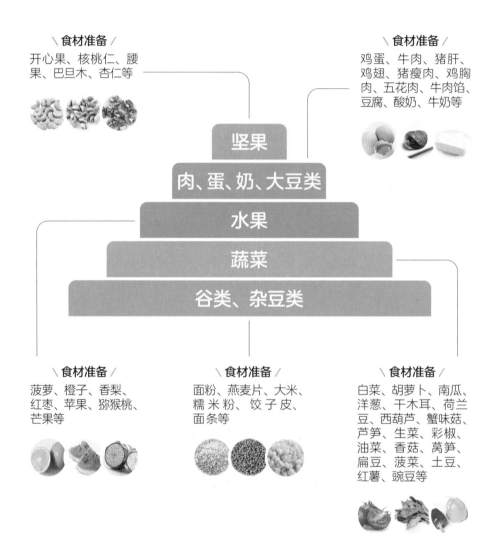

早春至晚春早餐食谱

精心安排周计划

周一	**菠萝蛋炒饭套餐**	菠萝豌豆蛋炒饭 + 白菜豆腐牛肉羹 + 酸奶 + 开心果
	更多搭配	什锦烧卖 + 番茄蛋汤 + 酱牛肉 + 酸奶水果捞 虾仁小米粥 + 蔬菜鸡蛋饼 + 橙子 + 核桃
周二	**土豆洋葱饼套餐**	土豆洋葱胡萝卜饼 + 木耳荷兰豆炒猪肝 + 红枣核桃牛奶 + 橙子
	更多搭配	小米枸杞粥 + 豆腐猪肉包子 + 胡萝卜拌莴笋 + 苹果 全麦面包三明治 + 煮鸡蛋 + 腰果 + 香蕉
周三	**西葫芦牛肉煎饺套餐**	西葫芦牛肉煎饺 + 蟹味菇芦笋蛋汤 + 酸奶 + 芒果 + 腰果
	更多搭配	虾仁猪肉锅贴 + 海带豆腐汤 + 酸奶 + 苹果 紫菜寿司 + 小米红豆浆 + 奇异果 + 巴旦木
周四	**生菜鸡蛋汤面套餐**	烤鸡翅彩椒 + 生菜鸡蛋汤面 + 巴旦木酸奶 + 香梨
	更多搭配	蔬菜香菇粥 + 煎三文鱼 + 盐水芦笋 + 哈密瓜 火腿三明治 + 胡萝卜丝炒鸡蛋 + 黑豆核桃豆浆 + 苹果
周五	**肉末蔬菜粥套餐**	肉末油菜粥 + 醋炒三丝 + 猕猴桃 + 杏仁
	更多搭配	黑芝麻核桃饼 + 虾皮豆腐脑 + 酸奶水果沙拉 蔬菜豆腐包 + 酱牛肉 + 牛奶 + 橙子
周六	**南瓜红薯饼套餐**	南瓜红薯饼 + 香菇莴笋蒸鸡丁 + 燕麦核桃粥 + 苹果
	更多搭配	豆皮鸡肉卷 + 凉拌黄瓜花生 + 牛奶 + 香蕉 蔬菜牛肉粥 + 煮鸡蛋 + 酸奶 + 松子
周日	**扁豆五花肉焖面套餐**	扁豆五花肉焖面 + 菠菜豆腐汤 + 苹果酸奶 + 开心果
	更多搭配	胡萝卜鲅鱼水饺 + 菠菜鸡蛋汤 + 酸奶 + 开心果 沙茶牛肉面 + 扁豆炒鸡蛋 + 榛子 + 橙子

周一 20分钟

提振精神

菠萝蛋炒饭套餐

准备食材

谷类、杂豆类	肉、蛋、奶、大豆类	蔬菜	水果	坚果	调料
熟米饭 50 克	鸡蛋 1 个， 牛肉 50 克， 酸奶 100 克， 豆腐 50 克	白菜 50 克， 豌豆 20 克	菠萝 50 克	开心果 10 克	盐、料酒、生抽、水淀粉、橄榄油各适量

制作

菠萝豌豆蛋炒饭

1. 豌豆洗净，沥干；鸡蛋打散；菠萝去皮，切丁。
2. 锅内倒入橄榄油烧至六成热，倒入鸡蛋液，炒成鸡蛋块，盛出。
3. 锅底留油，放入熟米饭、菠萝丁、豌豆炒熟，放入鸡蛋块略微翻炒，加盐即可。

注：米饭可提前预约煮好，早上起来直接用。

白菜豆腐牛肉羹

1. 白菜洗净，切碎；豆腐洗净，切小块；牛肉洗净，切末，用料酒、生抽、水淀粉腌制 5 分钟。
2. 锅中放入适量清水烧开后，放入白菜碎、豆腐块、牛肉末，搅拌一下，再次沸腾后，加入适量水淀粉、盐即可。

酸奶 + 开心果

1. 开心果去壳。
2. 将酸奶倒入杯中即可。

营养师点评

菠萝含有的蛋白酶可以分解食物中的蛋白质，在食用肉类食品时搭配菠萝，能帮助孩子开胃顺气、解油腻、助消化；开心果含有丰富的多不饱和脂肪酸，而多不饱和脂肪酸对神经系统代谢具有调节作用，孩子适当吃些开心果有较好的益智健脑、提振精神的作用。

周二 20 分钟

缓解学习压力

土豆洋葱饼套餐

营养师点评

土豆含有大量的淀粉，能为孩子的身体提供丰富的热量，土豆还是一种富含钾的食物，有利于心血管健康。搭配猪肝、牛奶等动物性食品食用，能够帮助孩子解除疲劳，有利于孩子的生长发育。

准备食材

谷类、杂豆类	肉、蛋、奶、大豆类	蔬菜	水果	坚果	调料
面粉 20 克	猪肝 50 克，牛奶 200 克，鸡蛋 1 个	胡萝卜 20 克，洋葱 20 克，土豆 20 克，干木耳 5 克，荷兰豆 20 克	橙子 1 个，红枣 3 枚	核桃仁 10 克	盐、料酒、胡椒粉、生抽各适量

制作

土豆洋葱胡萝卜饼

1. 胡萝卜洗净，切丝；洋葱去皮，洗净，切丝；土豆去皮，洗净，切丝。
2. 面粉中放入胡萝卜丝、洋葱丝、土豆丝，打入鸡蛋，加入盐、胡椒粉、适量清水，顺时针搅拌均匀。
3. 平底锅加油烧热，倒入面糊，煎至两面微黄即可。

木耳荷兰豆炒猪肝

1. 干木耳提前泡发，洗净；荷兰豆洗净；猪肝洗净，切片，用料酒、生抽腌制 5 分钟。
2. 锅内倒油烧至七成热，下入猪肝片翻炒至变色，盛出。
3. 锅内留底油，下入泡发好的木耳、荷兰豆，加盐炒熟，倒入猪肝片，翻炒均匀即可。

红枣核桃牛奶 + 橙子

1. 橙子洗净，切片，装盘。
2. 红枣去核，洗净；同核桃仁、牛奶一起放入料理机，制作完成，倒入杯中即可。

周三 20分钟

调节代谢 西葫芦牛肉煎饺套餐

准备食材

谷类、杂豆类	肉、蛋、奶、大豆类	蔬菜	水果	坚果	调料
饺子皮 50 克	牛肉馅100克，鸡蛋1个，酸奶100克	西葫芦 50 克，蟹味菇 20 克，芦笋 50 克	芒果 50 克	腰果 10 克	盐、五香粉各适量

制作

西葫芦牛肉煎饺

1. 西葫芦洗净，切丝，加盐腌制，挤干水分；牛肉馅加入适量清水、盐、五香粉，顺时针方向搅拌。
2. 牛肉馅中加入西葫芦丝顺时针搅拌均匀，放入冰箱冷藏室中（前一天晚上）。
3. 取饺子皮，包入西葫芦牛肉馅，捏成饺子状。
4. 锅中刷油，放入饺子生坯，煎至饺子微黄即可。

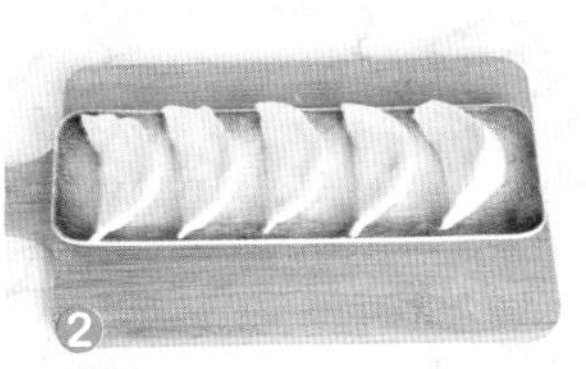

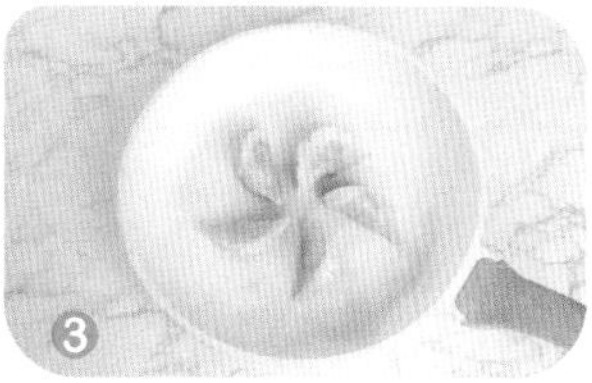

蟹味菇芦笋蛋汤

1. 蟹味菇洗净；芦笋洗净，切段；鸡蛋打散。
2. 锅中加入清水、蟹味菇、芦笋段，待水煮沸，倒入蛋液，搅散，加盐即可。

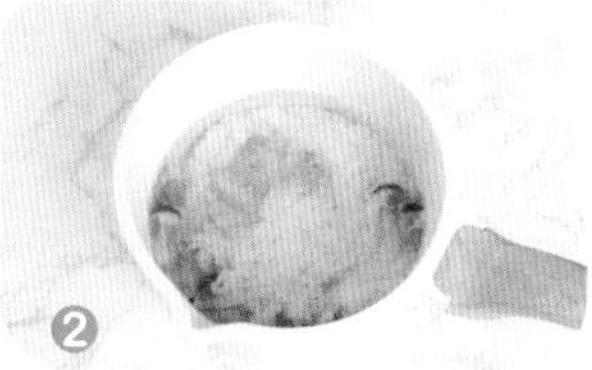

营养师点评

西葫芦含有维生素C、可溶性膳食纤维等营养物质；芦笋含有较多的氨基酸，如门冬氨酸，以及不溶性膳食纤维。多食用这类蔬菜可调节孩子的机体代谢，促进消化吸收。

酸奶＋芒果＋腰果

1. 芒果洗净，从中间切开，在果肉面横向、纵向划三刀即可。
2. 搭配酸奶、腰果即可。

周四 20分钟

促进食欲

生菜鸡蛋汤面套餐

准备食材

谷类、杂豆类	肉、蛋、奶、大豆类	蔬菜	水果	坚果	调料
面条 50 克	鸡蛋 1 个，鸡翅 100 克，酸奶 100 克	生菜 50 克，彩椒 50 克	香梨 60 克	巴旦木 10 克	盐 1 克，料酒、蚝油、生抽、番茄酱各适量

制作

烤鸡翅彩椒

1. 鸡翅洗净，加入料酒、蚝油、生抽、番茄酱放在冰箱冷藏室腌制（前一天晚上）。
2. 彩椒洗净，去蒂，切块。
3. 将腌制好的鸡翅、彩椒块放入烤箱，200 度烘烤 20 分钟即可。

生菜鸡蛋汤面

1. 鸡蛋打散；生菜洗净，切块。
2. 锅中放油，倒入蛋液，炒成鸡蛋块；往锅中注入适量清水烧开，放入面条煮熟，再放入生菜、盐即可。

巴旦木酸奶 + 香梨

1. 香梨洗净，去皮，切块，装盘。
2. 酸奶中倒入巴旦木搅拌均匀，搭配香梨块食用即可。

营养师点评

生菜中含有钙、铁、膳食纤维等营养物质，能刺激胃液分泌和肠道蠕动，促进孩子消化吸收；彩椒中含有丰富的维生素 C 和维生素 E，烤制后的口感很不错，孩子更容易接受。

周五 20分钟

控制体重

肉末蔬菜粥套餐

准备食材

谷类、杂豆类	肉、蛋、奶、大豆类	蔬菜	水果	坚果	调料
大米 50 克	猪瘦肉 50 克，鸡蛋 1 个	胡萝卜 20 克，土豆 20 克，油菜 50 克	猕猴桃 50 克	杏仁 10 克	白醋、盐各适量

制作

肉末油菜粥

1. 油菜洗净，切碎；大米洗净；猪瘦肉洗净，切成末。
2. 锅中注入清水，放入大米，煮至米熟；加入猪肉末、油菜碎，待再次沸腾加盐即可。

醋炒三丝

1. 胡萝卜洗净，去皮，切成丝；土豆去皮，洗净，切成丝；鸡蛋打散。
2. 锅内倒油烧至七成热，下入鸡蛋液翻炒成鸡蛋饼，切丝，再倒入胡萝卜丝、土豆丝，翻炒熟，加入白醋、盐调味即可。

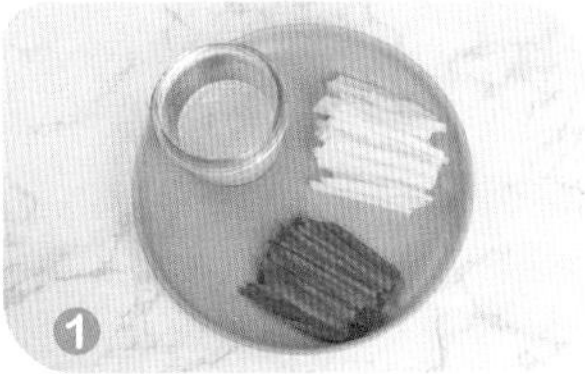

猕猴桃 + 杏仁

1. 猕猴桃洗净，去皮，切块。
2. 猕猴桃块倒进酸奶中搅拌均匀，搭配杏仁食用即可。

营养师点评

猪瘦肉是补铁的好来源，搭配蔬菜熬煮成粥，清爽开胃。胡萝卜富含胡萝卜素和维生素 A，猕猴桃富含维生素 C。这一餐既有充足的碳水和蛋白质，又有丰富的维生素和膳食纤维，为孩子提供了全面的营养保障。

周六 20分钟

南瓜红薯饼套餐

开胃、助消化

准备食材

谷类、杂豆类	肉、蛋、奶、大豆类	蔬菜	水果	坚果	调料
糯米粉 20 克，燕麦片 20 克	鸡胸肉 100 克	红薯 50 克，香菇 20 克，莴笋 20 克，南瓜 10 克，胡萝卜 10 克	苹果 50 克	核桃仁 10 克	姜片、生抽、水淀粉各适量

制作

南瓜红薯饼

1. 南瓜、红薯去皮，洗净，蒸熟，压成泥，放入冰箱冷藏室（前一天晚上）。
2. 糯米粉中加入南瓜泥、红薯泥，搅拌均匀，揉成面团，再团成小剂子。
3. 锅中刷油，把小剂子放入锅中按压成饼状，两面煎成金黄色即可。

香菇莴笋蒸鸡丁

1. 香菇洗净，去蒂；莴笋、胡萝卜去皮，洗净，切丁；鸡胸肉洗净，切丁，用姜片、生抽、水淀粉腌制 5 分钟。
2. 将莴笋丁、胡萝卜丁和鸡胸肉搅拌均匀，捏成团，放在香菇上。
3. 蒸锅加水，水开后放入装好盘的香菇，大火蒸 20 分钟即可。

燕麦核桃粥 + 苹果

1. 苹果洗净，切块装盘；核桃仁切小块。
2. 燕麦片放入碗中，冲入开水，加入核桃块，静置燕麦熟软。
3. 搭配苹果食用即可。

营养师点评

南瓜、红薯、燕麦都富含膳食纤维、人体所需的多种氨基酸等营养物质，将南瓜、红薯粗粮细做成饼，不仅改善了口感，提升了营养密度，更有饱腹感，还能守护孩子的肠道健康。

周日

20分钟

扁豆五花肉焖面套餐

健脾养胃

准备食材

谷类、杂豆类	肉、蛋、奶、大豆类	蔬菜	水果	坚果	调料
面条 50 克	五花肉 50 克，豆腐 30 克，酸奶 100 克	菠菜 50 克，扁豆 50 克，胡萝卜 20 克	苹果 50 克	开心果 10 克	盐、生抽、香油各适量

制作

扁豆五花肉焖面

1. 扁豆洗净，切丝；五花肉洗净，切薄片。
2. 锅中倒油，下入五花肉片煸炒出油，下入扁豆丝、加盐、生抽略翻炒，注入清水没过食材，把面条均匀铺在菜上，盖上锅盖焖煮 20 分钟即可。

营养师点评

可以经常给孩子吃一些鲜豆类蔬菜，如荷兰豆、扁豆、豇豆等，其中的蛋白质和膳食纤维含量普遍较高，与五花肉、豆腐等同食，实现多种氨基酸互补，营养丰富，促进孩子的生长发育。

菠菜豆腐汤

1. 菠菜洗净，切段；豆腐洗净，切块。
2. 锅中注入清水，水沸后放入菠菜段烫 15 秒，把水倒出。
3. 锅中再次注入清水，放入豆腐，与菠菜同煮，水开后加盐、香油即可。

苹果酸奶 + 开心果

1. 苹果洗净，切小块。
2. 苹果块倒入酸奶中搅拌均匀，放上开心果即可。

春末夏初早餐计划

本周所需食材

\ **食材准备** /

腰果、开心果、巴旦木、核桃仁等

\ **食材准备** /

虾仁、鸡蛋、芝士碎、鸡胸肉、豆腐、五花肉、牛肉馅、牛奶、牛肉、酸奶等

坚果

肉、蛋、奶、大豆类

水果

蔬菜

谷类、杂豆类

\ **食材准备** /

哈密瓜、苹果、草莓、蓝莓、火龙果、橙子、西瓜等

\ **食材准备** /

大米、燕麦、玉米粒、小米、面粉、馄饨皮、面条、全麦面包片、饺子皮等

\ **食材准备** /

黄瓜、胡萝卜、小白菜、豌豆粒、生菜、番茄、秋葵、小油菜、彩椒、香菇、菠菜、干木耳、洋葱、紫菜、韭菜等

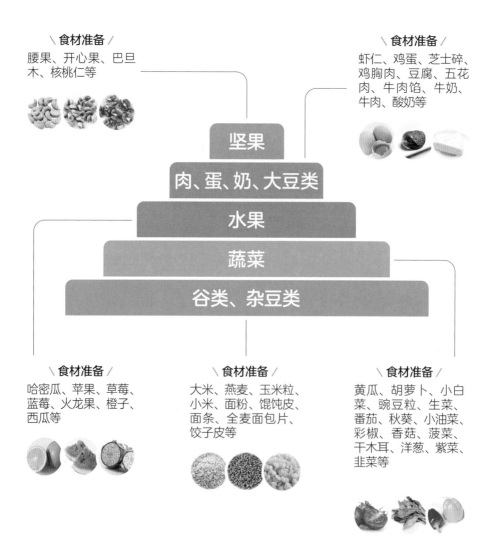

春末夏初早餐食谱

精心安排周计划

周一	**虾仁鸡蛋馄饨套餐**	虾仁鸡蛋馄饨 + 黄瓜胡萝卜沙拉 + 哈密瓜牛奶 + 腰果
	更多搭配	鸡蛋蔬菜全麦三明治 + 酱牛肉 + 黄瓜 + 坚果酸奶捞 山药南瓜粥 + 芦笋胡萝卜炒牛肉 + 酸奶哈密瓜
周二	**牛肉蔬菜馅饼套餐**	牛肉香菇洋葱馅饼 + 小白菜拌豆腐 + 大米苹果蛋花粥
	更多搭配	鸡蛋蔬菜饼 + 牛肉白菜豆腐羹 + 香蕉 + 开心果酸奶 生滚牛肉蛋花粥 + 凉拌腐竹木耳 + 香梨 + 巴旦木酸奶
周三	**胡萝卜牛肉焗饭套餐**	胡萝卜牛肉焗饭 + 蒜蓉秋葵 + 玉米牛奶汁 + 草莓
	更多搭配	培根奶油意面 + 鸡蛋蔬菜坚果沙拉 + 牛奶草莓汁 培根虾仁豌豆焗饭 + 核桃拌西蓝花 + 南瓜牛奶汁 + 哈密瓜
周四	**鸡蛋油菜面套餐**	鸡蛋油菜面 + 烤彩椒鸡肉块 + 蓝莓 + 酸奶 + 核桃
	更多搭配	鸡蛋蔬菜面 + 酱牛肉 + 坚果水果酸奶沙拉 牛肉萝卜拉面 + 煎鸡蛋 + 醋熘圆白菜 + 酸奶腰果 + 香蕉
周五	**鸡蛋全麦三明治套餐**	鸡蛋生菜全麦三明治 + 虾仁蔬菜沙拉 + 核桃牛奶 + 火龙果
	更多搭配	鸡蛋生菜三明治 + 蔬菜沙拉 + 香蕉牛奶 + 腰果 牛肉番茄汉堡 + 虾仁蒸蛋 + 玉米牛奶 + 巴旦木
周六	**胡萝卜香菇卤肉饭套餐**	胡萝卜香菇卤肉饭 + 菠菜拌腰果 + 酸奶 + 橙子
	更多搭配	咖喱牛肉饭 + 鸡蛋蔬菜沙拉 + 牛奶花生汤 黄焖鸡米饭 + 菠菜豆腐蛋花汤 + 蓝莓酸奶 + 开心果
周日	**三鲜水饺套餐**	三鲜水饺 + 黄瓜木耳炒腰果 + 燕麦片小米粥 + 西瓜
	更多搭配	虾仁萝卜丝煎饺 + 鸡蛋羹 + 蔬菜坚果沙拉 + 草莓酸奶 韭菜虾仁水饺 + 酱牛肉 + 凉拌腐竹芹菜 + 牛奶 + 哈密瓜

周一
20 分钟
增加食欲
虾仁鸡蛋馄饨套餐

准备食材

谷类、杂豆类	肉、蛋、奶、大豆类	蔬菜	水果	坚果	调料
馄饨皮 50 克	虾仁 50 克，鸡蛋 1 个，牛奶 200 克	黄瓜 50 克，胡萝卜 20 克，紫菜 10 克	哈密瓜 50 克	腰果 10 克	盐、生抽、香油、沙拉酱各适量，葱花少许

制作

虾仁鸡蛋馄饨

1. 鸡蛋磕开，打散，炒成块，盛出；虾仁洗净，切碎。
2. 在鸡蛋中加虾仁、盐、生抽、香油拌匀，制成馅料；取馄饨皮，包入馅料，做成馄饨生坯。
3. 锅内加清水烧开，碗中放入紫菜、葱花、盐、香油，盛入开水调成汤汁。
4. 再下入馄饨生坯煮熟，捞入碗中即可。

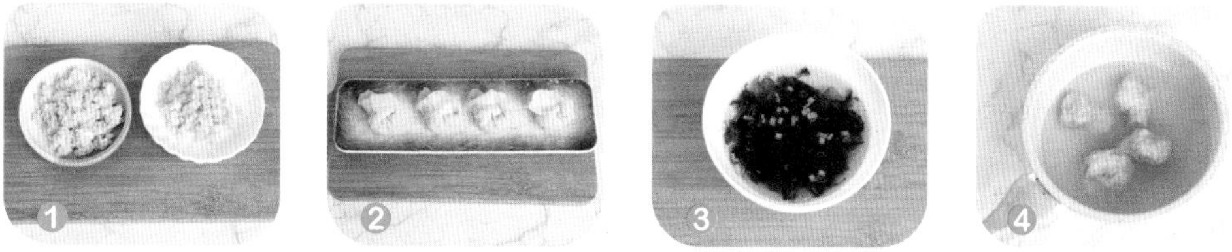

黄瓜胡萝卜沙拉

1. 将黄瓜、胡萝卜洗净，切条。
2. 黄瓜条、胡萝卜条放入杯中，沙拉酱另配即可。

哈密瓜牛奶 + 腰果

1. 哈密瓜洗净，去皮，切小块。
2. 把哈密瓜块倒入牛奶中，搭配腰果食用即可。

营养师点评

虾仁营养丰富，易消化，因其脂肪含量较低，搭配鸡蛋、黄瓜等食用，营养更全面，有健脑、养胃、润肠的作用，适宜孩子食用。黄瓜、胡萝卜切成条方便孩子拿取，增加进食主动性和趣味性。

周二 20分钟

提高免疫力

牛肉蔬菜馅饼套餐

准备食材

谷类、杂豆类	肉、蛋、奶、大豆类	蔬菜	水果	坚果	调料
面粉 30 克，大米 20 克	鸡蛋 1 个，豆腐 50 克，牛肉馅 50 克	小白菜 50 克，香菇 20 克，洋葱 20 克	苹果 50 克	巴旦木 10 克	生抽、葱花、香油、盐各适量

制作

牛肉香菇洋葱馅饼

1. 香菇洗净，切末；洋葱洗净，切末。
2. 将香菇末、洋葱末加入牛肉馅中顺时针搅拌均匀并调味。
3. 取面粉，加入温水和油，和成面团，醒 20 分钟，搓条，下剂子，擀成面皮，包入馅料，封口边，做成圆形生坯。
4. 取平底锅放适量油烧至五成热，下入生坯，煎至两面金黄即可。

小白菜拌豆腐

1. 小白菜洗净，切小块；豆腐洗净，切小块。
2. 锅中注入适量水，放入小白菜块、豆腐块煮至熟，盛入碗中，加入适量生抽、葱花、香油搅拌均匀，撒上巴旦木即可。

大米苹果蛋花粥

1. 大米洗净；鸡蛋打散；苹果洗净，去皮，切丁。
2. 锅中注入适量清水，加入大米和苹果丁，煮至米烂粥熟，打入蛋液，搅拌均匀，待再次沸腾即可关火盛出，根据个人喜好可适量加盐或糖调味。

营养师点评

牛肉富含蛋白质，氨基酸组成更接近人体需要，白菜、香菇、洋葱含有大量的粗纤维，可以为孩子补充足够的膳食纤维，促进肠道蠕动，能提高孩子的免疫力，还有暖胃补气的作用。

周三 20分钟

胡萝卜牛肉焖饭套餐

补钙，助力长高

准备食材

谷类、杂豆类	肉、蛋、奶、大豆类	蔬菜	水果	坚果	调料
米饭 100 克、玉米粒 50 克	牛肉 20 克，芝士碎 30 克，牛奶 200 克	彩椒 20 克、胡萝卜 10 克、秋葵 50 克	草莓 50 克	开心果 10 克	盐、蒜蓉、生抽、香油各适量

制作

胡萝卜牛肉焗饭

1. 彩椒洗净、切丁；胡萝卜洗净，切丁；牛肉洗净，切丁。
2. 锅中注水，将彩椒丁、胡萝卜丁、牛肉丁放入锅中焯烫一下，捞出沥干水分。
3. 烤箱温度设定 180 度，将上述食材与熟米饭充分搅拌均匀，放上芝士碎放入烤箱烘烤 20 分钟即可。

营养师点评

焗饭相较于炒饭做法更简单，少油少盐更健康。焗饭搭配玉米牛奶汁和各种新鲜蔬菜作为孩子的早餐，可以补充优质蛋白质、钙、维生素等，是营养密度很高的套餐，孩子也更爱吃。

蒜蓉秋葵

1. 秋葵洗净，切小段。
2. 锅中注水，放入少许的盐、油，待水沸腾后放入秋葵小段，焯烫 30 秒，捞出沥干水分；碗中放入秋葵、蒜蓉、生抽、香油，搅拌均匀即可。

玉米牛奶汁 + 草莓

1. 玉米粒洗净；草莓洗净。
2. 料理机中注入 300 毫升水，放入玉米粒、牛奶，搅打 2 分钟。
3. 搭配草莓食用即可。

料理机更多搭配推荐

5 分钟就能搞定，早餐好帮手

香蕉 + 牛奶 + 麦片	胡萝卜 + 南瓜 + 小米	玉米 + 山药
滋润肠道	健脾养胃	增进食欲

周四

20 分钟

补充体力

鸡蛋油菜面套餐

准备食材

谷类、杂豆类	肉、蛋、奶、大豆类	蔬菜	水果	坚果	调料
面条 100 克	鸡蛋 1 个，鸡胸肉 50 克，酸奶 1 盒	小油菜 20 克，彩椒 50 克	蓝莓 30 克	核桃仁 10 克	香油、生抽、料酒、黑胡椒粉、番茄酱、盐各适量

制作

鸡蛋油菜面

1. 小油菜洗净，切段；鸡蛋洗净，打成鸡蛋液。
2. 锅中倒油，加鸡蛋液翻炒至熟，注入适量清水煮沸。
3. 下入面条，煮熟后加入油菜段，再次沸腾加盐即可。

烤彩椒鸡肉块

1. 彩椒洗净，切块；鸡胸肉加料酒、生抽、黑胡椒粉、番茄酱、香油搅拌均匀。
2. 空气炸锅设置 200 度，将彩椒、鸡肉块放置空气炸锅中烘烤 20 分钟即可。

营养师点评

鸡肉的脂肪和胆固醇含量相对较少，彩椒富含多种维生素及微量元素，且色彩鲜艳，与鲜嫩的鸡胸肉一同烤制时，卖相好、口感佳，能有助提升孩子食欲。

蓝莓 + 酸奶 + 核桃

1. 蓝莓洗净，放入小碗中；核桃仁也放入小碗中。
2. 酸奶倒入杯中。

周五 20分钟

健脑益智

鸡蛋全麦三明治套餐

营养师点评

全麦面包富含膳食纤维，搭配鸡蛋、生菜等食用不仅改善口感，也提升了营养价值；虾、牛奶为孩子提供丰富的钙和蛋白质。三明治做法简单，吃起来方便，但营养价值却一点不含糊，蛋白质与维生素相互配合，满足了孩子一上午的能量所需。

准备食材

谷类、杂豆类	肉、蛋、奶、大豆类	蔬菜	水果	坚果	调料
全麦面包片2片、玉米粒20克	鸡蛋1个，虾仁20克，牛奶200克	豌豆粒20克，胡萝卜粒20克，生菜10克，黄瓜10克，番茄10克	火龙果50克	核桃仁10克	番茄酱、盐、白醋、橄榄油各适量

制作

鸡蛋生菜全麦三明治

1. 生菜洗净，撕小片；番茄洗净，切片；黄瓜洗净，切片；鸡蛋去壳，搅拌成蛋液。
2. 锅中刷油，倒入鸡蛋液，煎熟。
3. 将生菜片、番茄片、黄瓜片、鸡蛋放在全麦面包片上，挤上适量番茄酱，再盖上另一片全麦面包片即可。

1

2

3

虾仁蔬菜沙拉

1. 玉米粒、豌豆粒、胡萝卜粒洗净；虾仁洗净。
2. 锅中注水，倒入上述食材，煮熟后捞出，沥干水分。
3. 将上述所有食材放入碗中，倒入适量的盐、白醋、橄榄油，搅拌均匀即可。

1
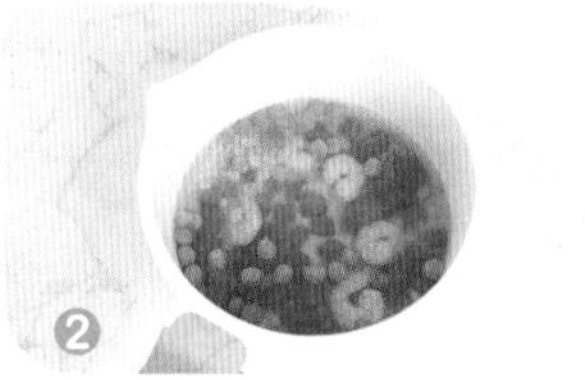
2

3

核桃牛奶 + 火龙果

1. 火龙果去皮，洗净，切块。
2. 核桃仁、牛奶倒入料理机中打碎，倒出，搭配火龙果块食用即可。

周六

20 分钟

促进生长发育

胡萝卜香菇卤肉饭套餐

营养师点评

五花肉可以为人体提供必需氨基酸，容易消化吸收，和香菇、胡萝卜等结合烹调，不仅可以改善油腻的口感，也会促进彼此的营养物质被更好地吸收，协力促进孩子的生长发育。

准备食材

谷类、杂豆类	肉、蛋、奶、大豆类	蔬菜	水果	坚果	调料
大米 50 克	五花肉 100 克，鸡蛋 1 个，酸奶 1 盒	胡萝卜 20 克，香菇 20 克，菠菜 100 克，小油菜 15 克	橙子 1 个	腰果 10 克	生抽、老抽、料酒、生姜、盐、香油、陈醋各适量

制作

胡萝卜香菇卤肉饭

1. 五花肉、胡萝卜、香菇洗净，切小块。
2. 锅中加油烧热，加入五花肉煸炒至变色，加入清水没过食材，放生抽、老抽、料酒、生姜炖煮 20 分钟，再加入胡萝卜、香菇、盐煮 10 分钟，盛出放冰箱冷藏（前一天晚上）。
3. 大米洗净，倒入电饭锅中加适量清水煮成米饭；小油菜焯水，取出卤肉，加热后浇在米饭上即可。

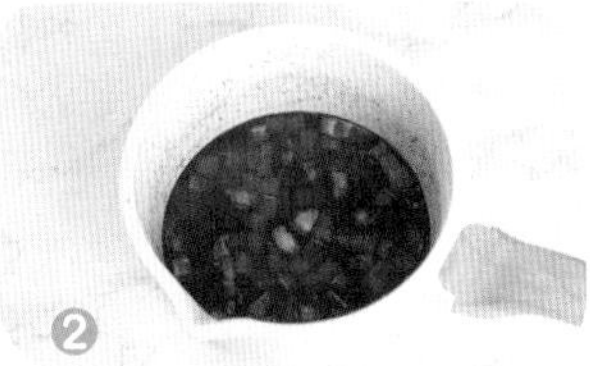

菠菜拌腰果

1. 菠菜洗净，切段；鸡蛋洗净。
2. 锅中注入适量的清水，加入盐、油，煮沸后下入菠菜段焯烫 30 秒，沥干；鸡蛋煮熟，去壳，切块。
3. 菠菜段、腰果、鸡蛋块放入盘中，加入香油、生抽、陈醋，搅拌均匀即可。

酸奶 + 橙子

橙子洗净，切块；酸奶倒入杯中即可。

周日 20分钟

三鲜水饺套餐

缓解视疲劳

准备食材

谷类、杂豆类	肉、蛋、奶、大豆类	蔬菜	水果	坚果	调料
饺子皮20克，燕 麦 5 克，小米 20 克	鸡蛋 2 个，酸奶 100 克，虾仁 50 克	黄瓜 50 克，干木耳 5 克，韭菜 20 克	西瓜 50 克	腰果 10 克	盐、生抽、香油适量

制作

三鲜水饺

1. 鸡蛋打成蛋液；虾仁、韭菜洗净切碎。
2. 鸡蛋炒成块；虾仁碎、鸡蛋块、韭菜碎、生抽、盐、香油搅匀，制成馅料；饺子皮包入馅料，做成水饺生坯。
3. 锅中加水烧开，下饺子生坯煮开，添 3 次水，至完全熟透，捞出即可。

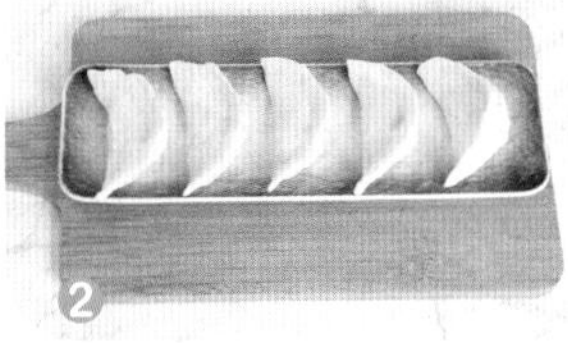
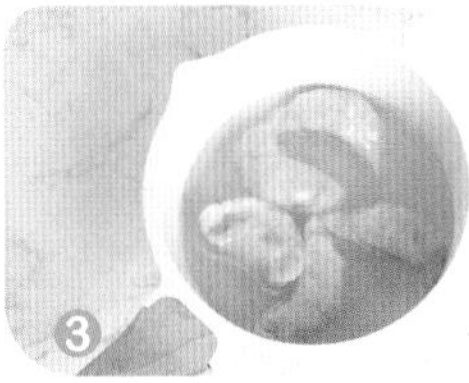

黄瓜木耳炒腰果

1. 干木耳提前泡发，洗净；黄瓜洗净，切片。
2. 锅中倒油，倒入泡发好的木耳、黄瓜片、腰果翻炒均匀，加盐即可。

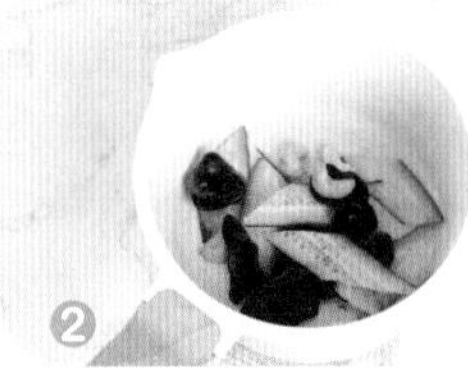

燕麦片小米粥 + 西瓜

1. 燕麦洗净；小米洗净。
2. 锅中注入适量热水，加入燕麦、小米，熬煮至米烂粥熟。
3. 西瓜洗净，切小块，放旁边。

营养师点评

木耳质地柔软，口感细嫩，味道鲜美，而且富含蛋白质、脂肪、糖类及多种维生素和矿物质，被称为“素中之荤”，与黄瓜、腰果搭配，营养价值与口感得到双重提升。

初夏至夏末早餐计划

本周所需食材

坚果

肉、蛋、奶、大豆类

水果

蔬菜

谷类、杂豆类

\ 食材准备 /

核桃仁、腰果、巴旦木、杏仁、开心果、松子等

\ 食材准备 /

虾仁、鸡蛋、三文鱼、芝士碎、火腿、羊肉卷、豆腐、鸡腿肉、猪肝、培根、牛奶、酱牛肉、酸奶等

\ 食材准备 /

葡萄、火龙果、哈密瓜、蓝莓、橘子、桃子、芒果、西瓜、草莓等

\ 食材准备 /

面粉、大米、黑米面、饺子皮、白吉馍、玉米粒、荞麦面等

\ 食材准备 /

油麦菜、胡萝卜、圆白菜、芦笋、西葫芦、芹菜、黄瓜、西蓝花、白菜、香菇、菠菜、黄彩椒、红彩椒、豌豆、柿子椒、丝瓜等

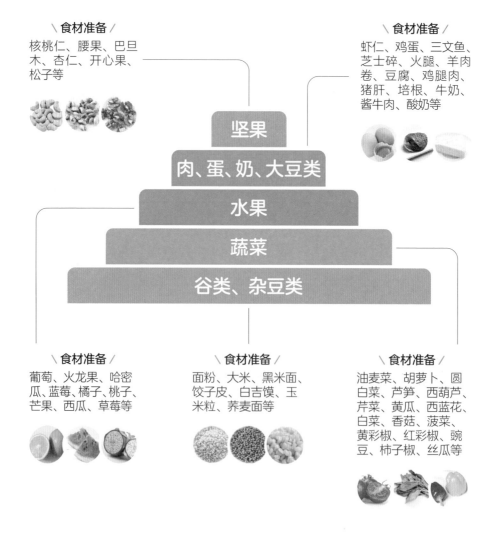

精心安排周计划

初夏至夏末早餐食谱

周一	**火腿蔬菜饼套餐**	火腿蔬菜饼 + 虾仁炒芦笋 + 核桃大米粥 + 葡萄
	更多搭配	培根鸡蛋饼 + 酱猪肝 + 燕麦牛奶 + 菠萝 虾仁土豆饼 + 酱牛肉 + 红枣豆浆 + 西瓜
周二	**西葫芦鸡蛋饺子套餐**	西葫芦鸡蛋饺子 + 奶香玉米粥 + 香煎三文鱼 + 火龙果 + 西瓜
	更多搭配	虾仁韭菜拌面 + 卤鸡腿 + 香蕉牛奶汁 + 核桃 白菜猪肉锅贴 + 菠菜鱼丸汤 + 草莓酸奶 + 开心果
周三	**牛肉烧饼套餐**	牛肉烧饼 + 巴旦木拌杂蔬 + 黄瓜蛋花汤 + 哈密瓜
	更多搭配	猪肉肉夹馍 + 豆腐排骨汤 + 草莓酸奶 + 核桃 鸡肉蔬菜卷饼 + 酸奶水果沙拉 + 开心果
周四	**时蔬鸡排饭套餐**	时蔬鸡排饭 + 蒜蓉西蓝花 + 杏仁 + 蓝莓酸奶
	更多搭配	土豆咖喱鸡肉饭 + 蚝油生菜 + 紫菜蛋花汤 + 西瓜酸奶 羊肉胡萝卜手抓饭 + 香菇炒鸡蛋 + 花生牛奶汁 + 苹果
周五	**白菜豆腐羊肉羹套餐**	杂粮馒头 + 白菜豆腐羊肉羹 + 橘子 + 牛奶
	更多搭配	红枣玉米面窝头 + 酱牛肉 + 鸡蛋坚果蔬菜沙拉 + 葡萄酸奶 燕麦坚果面包 + 三文鱼蔬菜沙拉 + 牛奶玉米汁 + 西瓜
周六	**菠菜猪肝荞麦面套餐**	菠菜猪肝荞麦面 + 丝瓜炒鸡蛋 + 芒果酸奶 + 松子、腰果
	更多搭配	牛肉西蓝花面 + 鸡蛋蔬菜沙拉 + 香蕉酸奶 + 腰果 番茄菠菜鸡蛋面 + 凉拌鸡丝 + 蓝莓酸奶 + 巴旦木
周日	**草莓培根披萨套餐**	草莓培根披萨 + 油麦菜鸡蛋汤 + 桃子酸奶 + 腰果
	更多搭配	猪肉白菜锅贴 + 虾仁鸡蛋羹 + 花生牛奶露 + 苹果 牛肉白菜饺 + 豆腐海带排骨汤 + 西瓜酸奶 + 核桃

周一

20分钟

火腿蔬菜饼套餐

帮助消化吸收

准备食材

谷类、杂豆类	肉、蛋、奶、大豆类	蔬菜	水果	坚果	调料
面粉 30 克，大米 20 克	虾仁 50 克，鸡蛋 1 个，火腿 30 克	油麦菜 20 克，胡萝卜 20 克，芦笋 50 克	葡萄 50 克	核桃仁 10 克	盐、五香粉各适量

制作

火腿蔬菜饼

1. 火腿切丁；鸡蛋打散；油麦菜洗净，切末；胡萝卜洗净，去皮，切末。
2. 面粉中倒入适量清水，加入鸡蛋液、火腿丁、油麦菜末、胡萝卜末、盐、五香粉，搅拌成面糊。
3. 锅中刷油，倒入面糊，煎至两面熟即可。

虾仁炒芦笋

1. 虾仁洗净；芦笋洗净，切段。
2. 锅中刷油，倒入虾仁、芦笋段，翻炒均匀至熟，加盐即可。

营养师点评

芦笋有鲜美芳香的风味且鲜甜可口，含有丰富的膳食纤维、B族维生素、胡萝卜素以及叶酸等营养物质，搭配富含蛋白质的虾仁，能增进孩子食欲，还帮助消化。

核桃大米粥 + 葡萄

1. 大米洗净。
2. 锅中注入清水，放入大米、核桃仁，熬煮成粥。
3. 搭配葡萄食用即可。

周二　20 分钟

提神醒脑

西葫芦鸡蛋饺子套餐

准备食材

谷类、杂豆类	肉、蛋、奶、大豆类	蔬菜	水果	坚果	调料
大米 20 克，饺子皮50克，玉米粒 10 克	鸡蛋 1 个，牛奶 150 克，三文鱼 30 克	西葫芦 50 克，胡萝卜 30 克，黄瓜 20 克，豌豆 10 克	火龙果、西瓜各 30 克	腰果 10 克	盐、胡椒粉、生抽、香油各适量

制作

西葫芦鸡蛋饺子

1. 西葫芦洗净，擦丝；胡萝卜洗净，去皮，擦丝；鸡蛋打散，炒熟，剁成小块。
2. 将鸡蛋块、西葫芦丝、胡萝卜丝倒进碗中，加入适量盐、胡椒粉、生抽、香油，搅拌均匀。
3. 取饺子皮，包上西葫芦鸡蛋馅，捏成如图饺子生坯，放上豌豆。
4. 锅中注水烧开，下入饺子生坯，上锅蒸 15 分钟即可。

奶香玉米粥

1. 玉米粒洗净；大米洗净。
2. 锅中注水，加入玉米粒、大米，煮至粥熟，最后加入牛奶。

香煎三文鱼 + 火龙果 + 西瓜

1. 黄瓜洗净，切片；三文鱼提前放盐腌好（前一天晚上）。
2. 锅热放油，将三文鱼煎熟；将黄瓜片摆在盘子周围，三文鱼放在中间，摆好。
3. 火龙果、西瓜切块，摆放至盘中。

营养师点评

西葫芦含有较多的维生素 C、钾、膳食纤维等营养物质，与鸡蛋搭配包成饺子方便孩子食用，再加上提神的奶香玉米粥、三文鱼和水果，提高了早餐的营养密度，优质蛋白质互相配合，孩子这一天将精力充沛。

周三　20分钟

充沛体力

牛肉烧饼套餐

准备食材

谷类、杂豆类	肉、蛋、奶、大豆类	蔬菜	水果	坚果	调料
白吉馍1个	酱牛肉80克，鸡蛋1个	黄、红彩椒30克，柿子椒10克，芹菜20克，胡萝卜20克，黄瓜30克	哈密瓜50克	巴旦木10克	芝麻酱、盐各适量

制作

牛肉烧饼

1. 酱牛肉切碎；柿子椒洗净，切丁；黄、红彩椒洗净、切丁，和酱牛肉搅拌在一起。
2. 将白吉馍放入微波炉热1分钟，将酱牛肉、柿子椒丁和彩椒丁放入其中即可。

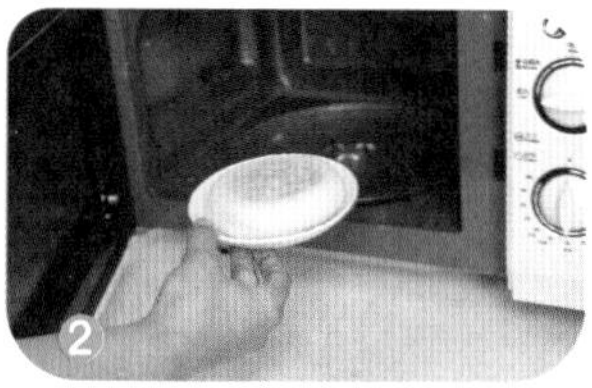

营养师点评

哈密瓜不但好吃，营养还很丰富，有“瓜中之王”的称号，搭配牛肉烧饼食用口感清爽，不仅能补充多种营养物质，还可养护孩子肠道健康。

巴旦木拌杂蔬

1. 芹菜洗净，切丁；胡萝卜洗净，去皮，切丁。
2. 锅中注水烧开，加入少许的盐、油，下入芹菜丁、胡萝卜丁焯熟，捞出，沥干水分。
3. 将上述食材放入碗中，加入巴旦木、芝麻酱搅拌均匀即可。

黄瓜蛋花汤 + 哈密瓜

1. 黄瓜洗净，切片；鸡蛋打散。
2. 锅中注水，加入黄瓜片，待水沸腾时下入鸡蛋液，待水再次沸腾加盐。
3. 哈密瓜洗净，切块，放在盘中即可。

周四

20
分钟

强身健体

时蔬鸡排饭套餐

准备食材

谷类、杂豆类	肉、蛋、奶、大豆类	蔬菜	水果	坚果	调料
大米饭 50 克	鸡腿肉 80 克，酸奶 150 克	西蓝花 50 克，胡萝卜 30 克，圆白菜 30 克	蓝莓 30 克	杏仁 10 克	蒜蓉、蚝油、盐各适量

制作

时蔬鸡排饭

1. 圆白菜洗净，切条，焯熟；鸡腿肉切片。
2. 锅热放油，放入鸡腿肉，淋入蚝油，加少许水，至熟，切条，浇在提前准备好的米饭上，拌匀即可食用。

营养师点评

鸡肉富含烟酸、蛋白质等，可促进生长发育。搭配胡萝卜和土豆，既能补充营养，还能保护视力。孩子每天吃的蔬菜要讲究平衡，深绿色蔬菜如绿叶菜、西蓝花等应当在一日蔬菜食用总量中占一半。

蒜蓉西蓝花

1. 西蓝花掰成小朵，洗净；胡萝卜洗净，去皮，切片。
2. 锅中注水烧沸，加适量油、盐，下入西蓝花块、胡萝卜片焯烫 1 分钟，捞出，沥干。
3. 锅中倒油，加入蒜蓉、西蓝花块、胡萝卜片，加适量蚝油翻炒均匀即可。

杏仁 + 蓝莓酸奶

1. 酸奶倒入杯中，将洗净的蓝莓放在酸奶上。
2. 杏仁放旁边即可。

周五 20分钟

白菜豆腐羊肉羹套餐

保护视力

准备食材

谷类、杂豆类	肉、蛋、奶、大豆类	蔬菜	水果	坚果	调料
面粉 50 克，黑米面 30 克	羊肉卷 50 克，酸奶 100 克，豆腐 20 克	白菜 50 克，香菇 20 克	橘子 50 克	开心果 10 克	生抽、料酒、胡椒粉、水淀粉、酵母各适量

制作

杂粮馒头

1. 将酵母用温水化开并调匀；面粉、黑米面倒入容器中，慢慢加酵母水和适量清水搅拌均匀，揉成表面光滑的面团，醒发 40 分钟（可以前一天晚上做）。
2. 将醒发好的面团搓粗条，切成大小均匀的面剂子，逐个团成圆形，制成馒头生坯，放入烧开的蒸锅蒸 15 ~ 20 分钟即可。

白菜豆腐羊肉羹

1. 白菜洗净，切段；豆腐洗净，切块；香菇洗净，切片；羊肉卷加入适量生抽、水淀粉腌制片刻。
2. 锅中注水，加入白菜段、豆腐块、香菇片、羊肉卷，待水烧开后，加入适量的料酒、胡椒粉、生抽，略煮片刻即可。

橘子 + 牛奶

1. 橘子去皮，切开摆盘。
2. 牛奶倒入杯中，搭配开心果食用即可。

营养师点评

孩子一般不容易接受粗杂粮的口感，但将粗杂粮如玉米粒磨成细碎的粉状玉米面，再拌入牛奶、面粉等食材发酵制作成粗杂粮馒头等，粗细结合不仅营养可口也更易被孩子接受。

周六

20 分钟

菠菜猪肝荞麦面套餐

明目健脾胃

准备食材

谷类、杂豆类	肉、蛋、奶、大豆类	蔬菜	水果	坚果	调料
荞麦面 50 克	猪肝 50 克， 鸡蛋 1 个， 酸奶 100 克	菠菜 50 克， 丝瓜 50 克	芒果 50 克	松子、腰果 各 8 克	盐适量

制作

菠菜猪肝荞麦面

1. 菠菜洗净，切段；猪肝洗净，切片，煮熟。
2. 锅中注水，水烧开后下入荞麦面煮熟，捞出置于面碗中，加入适量盐、面汤；锅中下入菠菜段，烫熟捞出，和熟猪肝摆在面条上即可。

丝瓜炒鸡蛋

1. 丝瓜洗净，去皮，切滚刀块；鸡蛋打散。
2. 锅中倒油，油温六成热时下入鸡蛋液，炒成鸡蛋块，加入丝瓜块翻炒，加适量清水焖煮片刻至丝瓜块熟烂，加盐即可。

芒果酸奶 + 松子、腰果

1. 芒果洗净，去核，切丁。
2. 把芒果丁加进酸奶中搅拌均匀，搭配松子和腰果食用即可。

营养师点评

白米白面经过精加工后维生素 B_1 所剩无几，生长发育期的孩子在日常新陈代谢中会消耗大量维生素 B_1，而荞麦面中就很好地保留了维生素 B_1 和矿物质，并且荞麦中的膳食纤维能带来更强的饱腹感，有利于孩子控制体重。

周日

20 分钟

促进食欲

草莓培根披萨套餐

准备食材

谷类、杂豆类	肉、蛋、奶、大豆类	蔬菜	水果	坚果	调料
面粉 50 克	培根 50 克，鸡蛋 1 个，酸奶 100 克，芝士碎 10 克	油麦菜 50 克	桃子 20 克，草莓 40 克	腰果 10 克	胡椒粉、香油、生抽、酵母粉、盐各适量

制作

草莓培根披萨

1. 取适量面粉，放入酵母粉，搅拌均匀，和成面团，醒发 3 小时（可以前一天晚上做）。
2. 发好的面，做成披萨饼皮，加上草莓和培根片，放上芝士碎，放入烤箱烤制 30 分钟即可。

营养师点评

披萨属于烘烤类的食品，可以根据季节配以不同新鲜蔬菜和肉类，一份披萨可以融合蛋白质、维生素、碳水等多种营养素，味道好，孩子也更喜欢吃。

油麦菜鸡蛋汤

1. 油麦菜洗净，切段；鸡蛋打散，炒成鸡蛋块。
2. 锅中注水，加入油麦菜段，待水开时倒入鸡蛋块，略搅拌，待水再次沸腾加盐即可。

桃子酸奶 + 腰果

1. 桃子洗净，去皮，切小块。
2. 桃子块加入酸奶中，搅拌均匀，搭配腰果食用即可。

健康小课堂

应对流感的营养餐

流感期饮食要点

流质食物	流感时可以多吃流质食物，如汤、粥、面条、豆浆、果蔬汁等，既好消化又能促进血液循环、增加排尿，减少体内病毒，并加速代谢废物排泄。
新鲜蔬果	白菜、番茄、黄瓜、苹果、草莓等新鲜蔬果能提高孩子的食欲，帮助消化，补充孩子身体所需的维生素和各种矿物质，对抗流感。
高蛋白食物	可多选择优质蛋白质的食物，如猪瘦肉、牛肉、鸡胸肉、豆制品和奶类等，因为高蛋白食物可促进免疫细胞的生成，从而提高孩子的免疫力。
饮食禁忌	不要给患病期间的孩子吃过咸的食物，如咸菜、咸鱼等。也不能吃过甜、油腻的食物。烧、烤、煎、炸等食物也不要吃，会增加肠道消化负担，导致病情加重。

清爽苋菜番茄鸡蛋营养餐

适当补充营养成分

维生素 A	保护和增强上呼吸道黏膜上皮细胞的功能，从而更好地预防各种致病因素。 食材来源：动物肝、瘦肉等；胡萝卜、苋菜等黄绿色蔬菜。
维生素 C	增强孩子免疫力的同时，还有助于身体恢复，增进孩子食欲。 食材来源：猕猴桃、苹果、橘子、小白菜、番茄、土豆等。
锌	锌能增强人体抗病毒的能力。 食材来源：牡蛎、扇贝、猪肝、牛肉、鸡肉、花生等。

营养师特别叮嘱

苋菜质地细软，含钙量丰富且草酸含量不高；大蒜含有大蒜素，具有抗菌、抗病毒的功效；猕猴桃、番茄富含类胡萝卜素、维生素 C 和叶酸，能帮助患流感的孩子补充营养，也有助于提高免疫力；鸡蛋能为孩子提供优质蛋白质。此套餐清淡营养又能提供足够的能量，可以帮助孩子尽快康复。

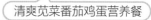

第五章

暑假

早餐不凑合、不发愁，美味开胃又营养

暑假早餐计划

本周所需食材

坚果

肉、蛋、奶、大豆类

水果

蔬菜

谷类、杂豆类

\ 食材准备 /

腰果、松子仁、核桃仁、熟黑芝麻等

\ 食材准备 /

鸡蛋、牛奶、牛肉、鸡肉、虾仁、鱼丸、鸡胸肉、酸奶、肉松、培根、芝士、金枪鱼罐头、腊肠、豆腐、火腿、内酯豆腐等

\ 食材准备 /

水蜜桃、蓝莓、芒果、西瓜、草莓、香瓜、猕猴桃、红枣、桂圆等

\ 食材准备 /

薏米、面粉、大米、切片吐司、意大利面、小米等

\ 食材准备 /

海带、胡萝卜、红薯、小白菜、鲜香菇、苦苣、番茄、黄瓜、洋葱、彩椒、山药、黄瓜、白菜、菠菜、小香葱、芥蓝、芦笋、紫菜、枸杞子、干百合、莲子、芡实、沙参、玉竹等

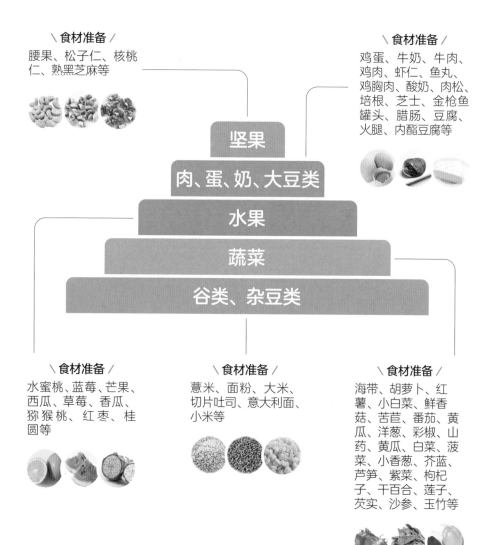

暑假早餐食谱

精心安排周计划

周一	**肉松吐司卷套餐**	肉松吐司卷 + 海带小白菜牛肉汤 + 核桃仁 + 猕猴桃
	更多搭配	猪肉白菜豆腐粉条包 + 玉米小米粥 + 胡萝卜西芹炒马蹄 + 白水煮蛋 酥粒辫子面包 + 紫甘蓝拌菠菜 + 核桃芝麻牛奶麦片
周二	**腊肠香菇焖饭套餐**	腊肠香菇焖饭 + 时蔬鸡肉沙拉 + 蓝莓山药 + 腰果
	更多搭配	燕麦片粥 + 凉拌豆干苦瓜 + 面包片 + 蒸蛋羹 花卷肉松 + 炸花生米 + 豆腐脑 + 杏仁虾干炝芹菜
周三	**小米蒸红薯套餐**	小米蒸红薯 + 黄瓜腰果炒牛肉 + 胡萝卜枸杞子汁 + 水蜜桃
	更多搭配	玉米青豆粥 + 胡萝卜炒莴笋 + 白水煮蛋 + 草莓 黄油卷 + 小番茄 + 苦菊 + 牛奶麦片
周四	**金枪鱼寿司套餐**	金枪鱼寿司 + 三丝豆腐汤 + 酸奶 + 草莓
	更多搭配	蛋饼 + 胡萝卜山药炒芹菜 + 樱桃 + 白灼虾 小米大米粥 + 枸杞拌菠菜 + 烤牛肉包子 + 白水煮蛋
周五	**鸡肉丸意大利汤面套餐**	鸡肉丸意大利汤面 + 核桃仁拌菠菜 + 水果甜豆花
	更多搭配	玉米粥 + 葱香面包 + 西葫芦炒蛋 + 小番茄 牛奶松饼 + 香煎鳕鱼 + 小白菜 + 紫布李 + 松子
周六	**葱香培根花卷套餐**	葱香培根花卷 + 虾仁鱼丸豆腐汤 + 白糖拌番茄 + 芒果
	更多搭配	蔬菜猪肉饼 + 牛奶燕麦粥 + 番茄炒蛋 + 香蕉蓝莓 羊肉葱香蒸饺 + 红枣黑豆浆 + 炒杂蔬 + 火龙果酸奶
周日	**芝士火腿鸡蛋饼套餐**	芝士火腿鸡蛋饼 + 胡萝卜香菇炒芦笋 + 桂圆莲子八宝汤
	更多搭配	萝卜排骨粥 + 玉米 + 炒小菠菜 + 猕猴桃 山楂果酱三明治 + 荷包蛋麦片 + 缤纷蔬菜沙拉

周一 20分钟

助力长高

肉松吐司卷套餐

准备食材

谷类、杂豆类	肉、蛋、奶、大豆类	蔬菜	水果	坚果	调料
切片吐司 50克	肉松30克、芝士20克、鸡蛋1个、牛肉50克	海带、小白菜各60克	猕猴桃 80克	核桃仁 10克	蒜末少许，盐、白酱露、香油各适量

制作

肉松吐司卷

1. 鸡蛋打入碗中，打散备用；吐司边缘切掉，用擀面杖擀薄后，中间放肉松和芝士，卷起来，口朝下放，备用。
2. 煎锅加油烧热，把吐司卷在蛋液里滚一圈，放入锅中煎至金黄。
3. 吐司卷切成两段，放入盘中。

海带小白菜牛肉汤

1. 海带洗净，切条，焯水备用；小白菜洗净，切段；牛肉切成细丝与白酱露、香油拌匀，腌10分钟。
2. 锅热放油，放入蒜末爆香，放入牛肉翻炒，牛肉变色后倒入海带，加盐煮开，最后放入小白菜煮熟即可。

核桃仁 + 猕猴桃

1. 猕猴桃洗净，去皮、切片，放在盘中。
2. 核桃仁放在旁边，搭配食用即可。

营养师点评

海带富含钙和碘，不仅有助于骨骼生长，还能够促进甲状腺素的合成，还可预防因碘缺乏导致的神经发育不良。搭配富含碳水化合物的肉松面包，不仅味道让孩子无法抗拒，而且还营养丰富，助力孩子长高。

周二 20分钟

开胃醒脑

腊肠香菇焖饭套餐

准备食材

谷类、杂豆类	肉、蛋、奶、大豆类	蔬菜	水果	坚果	调料
大米 50 克	腊肠 50 克，鸡胸肉 60 克	鲜香菇 50 克，苦苣、彩椒、黄瓜、洋葱各 10 克，山药 50 克	蓝莓 50 克	腰果 10 克	白糖、香菜、盐、橄榄油各适量

制作

腊肠香菇焖饭

1. 腊肠切片；鲜香菇洗净，去蒂，切丁；大米洗净。
2. 将大米、香菇丁、腊肠片放入锅中，加适量清水，蒸熟即可。

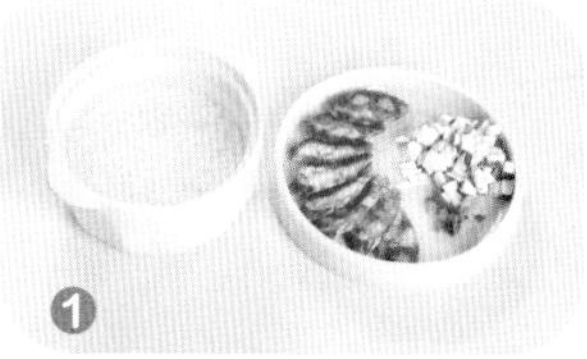

营养师点评

腊肠风味独特，富含优质蛋白质、铁等营养素，与香菇搭配，解腻增香，可促进孩子食欲，能给孩子带来不一样的早餐体验，选购时尽量挑选更健康的低钠腊肠。

时蔬鸡肉沙拉

1. 苦苣、香菜洗净切段；洋葱去皮，切条；彩椒洗净，切条，黄瓜洗净，切片；将上述食材放入盘中。
2. 鸡胸肉煎熟，切小块，放入蔬菜盘中，加盐、橄榄油搅拌均匀即可。

蓝莓山药 + 腰果

1. 山药洗净，去皮，切段，放入蒸锅蒸熟后取出。
2. 蓝莓洗净，加入白糖，用榨汁机榨成汁淋在山药上。
3. 旁边放上腰果即可。

周三 10 分钟

促进身体发育

小米蒸红薯套餐

营养师点评

红薯富含维生素C、膳食纤维，小米富含B族维生素、碳水化合物。二者搭配食用可预防便秘，健胃消食，促进身体发育。胡萝卜具有健脾消食、润肠通便等作用，搭配枸杞子有提高机体免疫力，保护视力的作用。

准备食材

谷类、杂豆类	肉、蛋、奶、大豆类	蔬菜	水果	坚果	调料
小米 50 克	牛肉 80 克	黄瓜 40 克，胡萝卜 20 克，彩椒 30 克，枸杞子 5 克，红薯 50 克	水蜜桃 100 克	腰果 10 克	蒜末少许，酱油、姜汁、盐、蜂蜜各适量

制作

小米蒸红薯

1. 前一天晚上，将红薯去皮，洗净，切条；小米洗净，清水浸泡 30 分钟；荷叶洗净，铺在蒸屉上。
2. 将红薯条在小米中滚一下，裹满小米，放入蒸屉中，大火烧开后再蒸 30 分钟即可。放入冰箱冷藏保存。
3. 第二天从冰箱取出小米蒸红薯，加热 10 分钟即可。

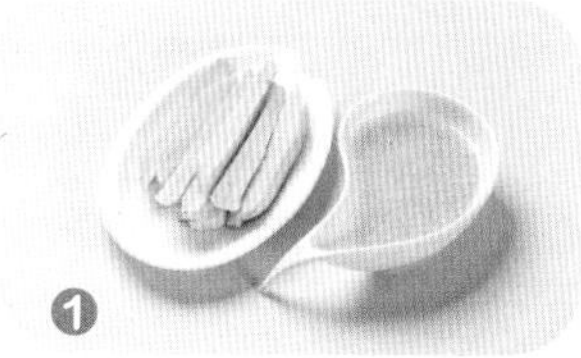

黄瓜腰果炒牛肉

1. 牛肉洗净，切丁，用酱油、姜汁抓匀，腌制 30 分钟；黄瓜、彩椒洗净，切丁。
2. 锅内倒油烧热，炒香蒜末，放入牛肉丁翻炒，放入彩椒丁、黄瓜丁煸炒，倒入腰果，加盐调味即可。

胡萝卜枸杞子汁 + 水蜜桃

1. 胡萝卜洗净，去皮，切小块；枸杞子用温水泡软，洗净捞出，沥干水分，一并放入榨汁机中，加适量水和蜂蜜，榨成汁。
2. 水蜜桃洗净，切小块，装盘。

周四 20分钟

强健骨骼

金枪鱼寿司套餐

准备食材

谷类、杂豆类	肉、蛋、奶、大豆类	蔬菜	水果	坚果	调料
大米 50 克	金枪鱼罐头 50 克，豆腐 30 克，酸奶 150 克	白菜 50 克，胡萝卜 40 克，鲜香菇 20 克，黄瓜 20 克，紫菜 1 张	草莓 50 克	熟黑芝麻 15 克	盐适量，葱末少许

制作

金枪鱼寿司

1. 大米洗净，蒸成米饭；黄瓜、胡萝卜洗净、切条；鸡蛋打散，煎熟，切条。
2. 铺上紫菜，将米饭铺在紫菜上，放上黄瓜条、胡萝卜条、鸡蛋条、黑芝麻和金枪鱼，卷好切段即可。

三丝豆腐汤

1. 白菜、香菇分别洗净，切丝；胡萝卜洗净，去皮，切丝；豆腐洗净，切条，用淡盐水浸泡 5 分钟。
2. 锅热放油，爆香葱末，放入白菜丝、胡萝卜丝、香菇丝略翻炒。
3. 另起锅，加入适量清水烧开，放入炒过的食材，大火煮 3 分钟，放入豆腐条煮 2 分钟，加入盐调味即可。

酸奶 + 草莓

1. 草莓洗净，放旁边。
2. 将酸奶倒入杯中即可。

营养师点评

豆腐富含钙、优质蛋白质，香菇富含铁，搭配含膳食纤维和维生素 C 的白菜，营养丰富，润肠通便、强健骨骼。金枪鱼富含大脑成长所需的 DHA，不仅能促进神经组织的发育，还有助于视网膜的发育。

周五 20分钟

鸡肉丸意大利汤面套餐

护眼健脑

准备食材

谷类、杂豆类	肉、蛋、奶、大豆类	蔬菜	水果	坚果	调料
意大利面 50 克	鸡肉 50 克，内酯豆腐 30 克，牛奶 150 克	胡萝卜 50 克，菠菜 50 克	西瓜 30 克，香瓜 30 克，猕猴桃 30 克	核桃仁 10 克	姜片、蒜片、葱花各少许，淀粉、蚝油、生抽、香油、盐、醋各适量

制作

鸡肉丸意大利汤面

1. 胡萝卜去皮，洗净，切碎；鸡肉洗净，切块，放入料理机中绞成泥，放入胡萝卜碎、蚝油、淀粉、生抽和香油，搅拌均匀，再将肉泥团捏成丸。
2. 锅中放水，水开下肉丸，肉丸漂浮起来捞出。
3. 另起锅加油，爆香姜片和蒜片，放适量水煮开，下意大利面煮熟，撒盐，放入丸子煮 3 分钟，撒葱花即可。

核桃仁拌菠菜

1. 菠菜洗净，放入沸水中焯一下，捞出沥干，切段。
2. 锅置火上，小火煸炒核桃仁至微黄，取出压碎。
3. 和菠菜一起放入盘中，加盐、醋、香油搅拌均匀即可。

营养师点评

菠菜含有叶酸、胡萝卜素、维生素 C、膳食纤维等，搭配含锌、不饱和脂肪酸的核桃仁，健脑益智、助力长高、润肠通便。水果甜豆花含有维生素 C、卵磷脂、膳食纤维等营养物质，不仅能护眼健脑，还能清热消暑。

水果甜豆花

香瓜洗净，去皮及瓤；西瓜取果肉；猕猴桃去皮；上述食材和内酯豆腐切小块，放在碗中，加入牛奶即可。

更多料理机肉类搭配

搞定孩子挑食

莲藕 + 猪肉 + 玉米	香菇 + 鸡胸肉 + 洋葱	牛肉 + 山药 + 胡萝卜
健脾补虚	补充蛋白质	保护视力

周六

20 分钟

长高益智

葱香培根花卷套餐

准备食材

谷类、杂豆类	肉、蛋、奶、大豆类	蔬菜	水果	坚果	调料
面粉 80 克	虾仁、鱼丸各 30 克，培根 20 克，豆腐 30 克	小香葱 10 克，芥蓝、山药各 20 克，番茄 50 克	芒果 50 克	松子仁 10 克	蒜片、姜片、葱花各少许，干酵母、盐、生抽、糖等各适量

制作

葱香培根花卷

1. 面粉加入酵母，加入适量温水，和成一个面团，放至温暖的地方发酵至 2 倍大小；小香葱切碎；培根切丁。
2. 用大擀面杖将面团擀成薄片，均匀地抹上一层油，撒上食盐、香葱碎和培根丁。从下到上或者从上到下卷起来，用刀切成均匀的小段，用筷子在中间压一下。
3. 放置笼屉中，大火上汽之后蒸 20 分钟即可。

虾仁鱼丸豆腐汤

1. 食材洗净，虾仁去虾线，豆腐切块，山药切块，芥蓝切段。
2. 锅热放油，爆香蒜片和姜片，加入豆腐块、山药块和适量清水烧开，放入虾仁、松子仁、芥蓝段、鱼丸稍煮，加盐、生抽搅匀，撒葱花盛出即可。

白糖拌番茄 + 芒果

1. 番茄洗净，切小块，撒上白糖。
2. 芒果洗净，切块，放在旁边即可。

营养师点评

富含蛋白质的虾仁和豆腐，能补充丰富营养，助力长高并且益智。番茄含多种维生素，可与多种食材搭配，夏天多食可帮助孩子开胃又助力长高。

周日

芝士火腿鸡蛋饼套餐

清心消暑

准备食材

谷类、杂豆类	肉、蛋、奶、大豆类	蔬菜	水果	坚果	调料
薏米 40 克	芝士 30 克、火腿 50 克，鸡蛋 1 个，牛奶 200 克	芦笋 200 克，胡萝卜 100 克，鲜香菇 50 克，干百合、莲子、沙参、玉竹、芡实各 5 克	红枣 5 枚，桂圆 25 克	核桃仁 10 克	盐、冰糖各适量，蒜末少许

制作

芝士火腿鸡蛋饼

1. 芝士、火腿切成小粒；鸡蛋、牛奶、一小撮盐混合搅匀，加芝士与火腿粒搅匀。
2. 蛋液倒入煎锅煎熟即可。

胡萝卜香菇炒芦笋

1. 香菇、胡萝卜、芦笋洗净，香菇切片，胡萝卜切细条、焯水，芦笋切段、焯水。
2. 锅置火上，倒油烧至六成热，放蒜末炒香，加胡萝卜条和香菇片，翻炒一会儿，加芦笋段、适量盐翻炒，稍微加点水，继续翻炒片刻即可。

桂圆莲子八宝汤

1. 前一天将薏米、芡实洗净，浸泡 4 小时；百合洗净，泡软；其他材料洗净备用。
2. 煲中放入芡实、薏米、莲子、红枣、沙参、核桃仁、玉竹，加入适量清水，大火煮沸，转至小火慢煮 1 小时，再加入百合、桂圆肉煮 20 分钟，加入冰糖调味即可。盛出放入冰箱冷藏保存。
3. 第二天，从冰箱取出加热即可。

营养师点评

芦笋质地脆嫩，富含维生素 C、膳食纤维、钾等，不仅营养丰富，还能因其独特口感提升孩子食欲。百合含蛋白质、钙、磷等多种营养素，可安心养神；莲子可安神、除烦。以上材料搭配食用，有清心消暑的作用。

专题 暑假益智营养食谱

核桃仁拌菠菜

食材 菠菜 100 克，核桃仁 30 克。

调料 香油、醋各 3 克，盐 1 克。

做法

1. 菠菜洗净，放入沸水中焯一下，捞出沥干，切段。
2. 锅置火上，小火煸炒核桃仁至微黄，取出压碎。
3. 将菠菜段和核桃碎放入盘中，加入盐、醋搅拌均匀，淋上香油即可。

松仁玉米

食材 玉米粒 100 克，松子仁、红彩椒、柿子椒各 30 克，芹菜 10 克。

调料 葱末、姜末各 3 克，盐 1 克。

做法

1. 玉米粒洗净；松子仁洗净，炒香；红彩椒、柿子椒分别洗净，去蒂除子，切丁；芹菜洗净，切小段。
2. 锅内倒油烧热，放葱末、姜末炒香，倒入玉米粒翻炒，放入松子仁、红彩椒丁、柿子椒丁、芹菜段炒熟，加盐调味即可。

芝麻肝

食材 猪肝 100 克，鸡蛋 1 个，熟黑芝麻 20 克，面粉 10 克。

调料 姜末、盐各少许。

做法

1. 鸡蛋打散，搅拌均匀；猪肝洗净，切小薄片，加盐、姜末腌制 10 分钟，蘸面粉和鸡蛋液。
2. 锅内倒油烧热，放入猪肝片熘炒至熟，撒黑芝麻装盘即可。

豆腐烧牛肉末

食材 豆腐 100 克，牛肉 40 克。

调料 葱花、姜末、蒜末各 4 克，生抽 3 克。

做法

1. 牛肉洗净，切末；豆腐洗净，切片。
2. 锅内倒油烧热，炒香葱花、姜末、蒜末，放入牛肉末翻炒至变色，放入生抽炒香，加入适量水。
3. 待水开后放入豆腐片，转中火煮 5 分钟，大火收汁即可。

干贝厚蛋烧

食材 鸡蛋 1 个，番茄 50 克，干贝 10 克。

调料 盐 1 克。

做法

1. 番茄洗净，去皮，切碎；干贝洗净，用水泡 2 小时，隔水蒸 15 分钟，切碎。
2. 鸡蛋打散，放入盐、番茄碎、干贝碎搅拌均匀成蛋液。
3. 锅内倒油烧热，均匀地倒一层蛋液，凝固后卷起盛出，切段即可。

香菇豆腐鸡蛋羹

食材 豆腐 150 克，鲜香菇 40 克，虾皮 5 克，鸡蛋 1 个。

调料 葱花 4 克，盐、香油、料酒各适量。

做法

1. 豆腐洗净，搅打成泥状；鲜香菇洗净，焯水，切丁；鸡蛋打散备用。
2. 豆腐泥中加入鸡蛋液、虾皮、香菇丁，调入盐、料酒搅匀，盛入碗中。
3. 将碗放入蒸锅中大火蒸约 10 分钟，撒葱花，滴上香油即可。

清蒸鲈鱼

食材 鲈鱼 1 条，柿子椒、红彩椒各 20 克。

调料 葱丝、姜丝各 10 克，蒸鱼豉油 8 克，料酒少许。

做法

1. 鲈鱼处理干净，在鱼身两面各划几刀，用料酒涂抹鱼身，在划刀处和鱼肚子里放上葱丝、姜丝，腌制 20 分钟。
2. 盘子里放入鱼，鱼身上铺剩余葱丝、姜丝，蒸 15 分钟。
3. 倒去盘子内蒸鱼汤汁，倒入蒸鱼豉油，摆上柿子椒丝、红彩椒丝。
4. 炒锅烧油，烧热后淋在鱼上即可。

奶油鳕鱼

食材 鳕鱼 100 克，奶油 10 克，鸡蛋 1 个，面粉、圣女果各 20 克。

调料 胡椒粉 2 克，盐 1 克，姜片 5 克。

做法

1. 鳕鱼洗净，加盐、胡椒粉、姜片腌制 30 分钟；鸡蛋打散备用；圣女果洗净，切块。
2. 将腌制好的鳕鱼表面刷一层蛋液，再裹匀面粉。
3. 锅置火上，放入奶油烧化，再放入鳕鱼煎至两面金黄，加圣女果点缀即可。

三文鱼西蓝花炒饭

食材 三文鱼 100 克，西蓝花 50 克，米饭 80 克。

调料 盐 1 克。

做法

1. 西蓝花切小朵，洗净，焯水，捞出沥干，切碎；三文鱼洗净。
2. 锅内倒油烧热，放入三文鱼煎熟，加盐入味，盛出，碾碎。
3. 起锅热油，放入西蓝花和三文鱼翻炒，倒入米饭炒散，加盐调味即可。

黄焖鸡

食材 鸡腿肉 200 克，鲜香菇 100 克，柿子椒、洋葱各 50 克。

调料 料酒、姜片、生抽、老抽、冰糖各 5 克，盐 1 克。

做法

1. 鸡腿肉洗净，切块；鲜香菇洗净，切块；柿子椒洗净，去蒂及子，切块；洋葱洗净，切丝。
2. 锅内倒油烧热，放入冰糖炒至焦糖色。
3. 加入鸡腿肉翻炒至上色，加料酒、姜片、生抽、老抽，加香菇块、洋葱丝炒匀。
4. 加适量清水没过食材，大火烧开，转小火焖 20 分钟，放入柿子椒块略炒，加盐调味即可。

香菇胡萝卜炒鸡蛋

食材 鲜香菇、胡萝卜各 50 克，鸡蛋 1 个。

调料 葱段 10 克，盐适量。

做法

1. 鲜香菇去蒂，洗净，切片，焯水；胡萝卜洗净，切片；鸡蛋打散，炒熟盛出备用。
2. 锅内倒油烧热，炒香葱段，放入胡萝卜片翻炒至熟，放入香菇片翻炒 2 分钟，倒入鸡蛋，加盐调味即可。

番茄鲈鱼

食材 净鲈鱼 150 克，番茄 100 克。

调料 葱段、姜片、蒜片、料酒各适量，番茄酱 10 克，盐 2 克。

做法

1. 鲈鱼取肉，切薄片，加料酒、盐、姜片腌渍 10 分钟；番茄洗净，去皮，切小丁。
2. 锅内倒油烧热，爆香蒜片，下入番茄丁，大火翻炒至番茄丁出浓汁，加入番茄酱和适量开水，煮开后下入鱼片煮熟，加盐和葱段即可。

青椒木耳炒鸡蛋

食材 鸡蛋1个，柿子椒（青椒）、水发木耳各50克。

调料 生抽2克，葱末、姜末、蒜末、盐各适量。

做法

1. 鸡蛋打散，加盐搅匀成蛋液，炒熟，盛出；柿子椒洗净，去蒂及子，切丝；水发木耳洗净，撕小朵，焯水。
2. 锅内倒油烧热，放葱末、姜末、蒜末爆香，放入木耳、柿子椒丝翻炒，再加入鸡蛋、生抽炒匀，加盐调味即可。

银鱼炒蛋

食材 银鱼50克，鸡蛋1个。

调料 葱花2克，盐1克。

做法

1. 银鱼洗净，焯水，沥干；鸡蛋打散备用。
2. 将银鱼放入蛋液中，加入盐、葱花搅拌均匀。
3. 锅内倒油烧热，倒入银鱼鸡蛋液翻炒，待蛋液凝固熟软，炒散即可。

核桃仁蒜薹炒肉丝

食材 蒜薹100克，猪瘦肉80克，核桃仁50克。

调料 盐、姜丝、生抽各适量。

做法

1. 蒜薹洗净，切小段；猪瘦肉洗净，切丝。
2. 锅内倒油烧热，炒香姜丝，倒入肉丝滑散。
3. 再加入蒜薹段、生抽炒至变色，加核桃仁翻炒均匀，加盐调味即可。